Σ BEST
シグマベスト

シグマ 基本問題集

物理基礎

文英堂編集部　編

文英堂

特色と使用法

◎「シグマ基本問題集 物理基礎」は，問題を解くことによって教科書の内容を基本からしっかりと理解していくことをねらった**日常学習用問題集**である。編集にあたっては，次の点に気を配り，これらを本書の特色とした。

● 学習内容を細分し，重要ポイントを明示

● 学校の授業にあった学習をしやすいように，「物理基礎」の内容を23の項目に分けた。また，**テストに出る重要ポイント**では，その項目での重要度が非常に高く，必ずテストに出そうなポイントだけをまとめた。必ず目を通すこと。

●「基本問題」と「応用問題」の2段階編集

● **基本問題**は教科書の内容を理解するための問題で，**応用問題**は教科書の知識を応用して解く発展的な問題である。どちらも小問ごとに できたらチェック 欄を設けてあるので，できたかどうかをチェックし，弱点の発見に役立ててほしい。また，解けない問題は ガイド などを参考にして，できるだけ自分で考えよう。

● 特に重要な問題は 例題研究 として取り上げ，着眼 と 解き方 をつけてくわしく解説している。

● 定期テスト対策も万全

● **基本問題**のなかで定期テストで必ず問われる問題には テスト必出 マークをつけ，**応用問題**のなかで定期テストに出やすい応用的な問題には 差がつく マークをつけた。テスト直前には，これらの問題をもう一度解き直そう。

● くわしい解説つきの別冊正解答集

● 解答は答え合わせをしやすいように別冊とし，**問題の解き方が完璧にわかる**ようくわしい解説をつけた。また， テスト対策 では，定期テストなどの試験対策上のアドバイスや留意点を示した。大いに活用してほしい。

　本書では，「物理」の範囲だが「物理基礎」と関連が深く，授業やテストに出てくることが考えられる内容も ▶ マークや 発展 マークをつけて扱った。ぜひ取り組んでほしい。

もくじ

1章 物体の運動
1. 物理量の測定と扱い方 … 4
2. 速さと速度 … 6
3. 加速度 … 10
4. 空中での物体の運動 … 14
5. 力の性質 … 18
6. 運動の法則 … 22
7. いろいろな力のはたらき … 26
8. いろいろな力による等加速度運動 … 30
9. 仕事と力学的エネルギー … 34
10. 力学的エネルギー保存の法則 … 40

2章 熱とエネルギー
11. 熱と温度 … 47
12. 仕事と熱 … 51

3章 波
13. 波の表し方 … 57
14. 重ね合わせの原理・定常波 … 60
15. 波の反射と屈折 … 64
16. 音波 … 68
17. 弦の振動・気柱の振動 … 71
18. ドップラー効果 … 75

4章 電気
19. 静電気と電流 … 79
20. 電気抵抗とオームの法則 … 82
21. 電流と磁場 … 87
22. 電磁誘導と電磁波 … 91

5章 原子力エネルギー
23. 原子力エネルギー … 94

◆別冊 正解答集

1 物理量の測定と扱い方

テストに出る重要ポイント

- **単位系**…物理では，原則として<u>国際単位系（SI）</u>を使っている。
  ① **基本単位**…<u>長さ〔m〕，質量〔kg〕，時間〔s〕，電流〔A〕，温度〔K〕</u>など。m，kg，s，A を用いる単位系を <u>MKSA 単位系</u>という。
  ② **組立単位**…基本単位の組み合わせによってできている単位。

- **測定法**
  ① **アナログ式の測定器**…ついている目盛りの1つ下の位まで目分量で10等分して読み取る。
  ② **デジタル式の測定器**…表示されている数値を，そのまま読み取る。
  測定によって読み取った末尾の数字には，アナログ式の測定器でもデジタル式の測定器でも，誤差が含まれている。

- **有効数字**…測定によって得られた意味のある数字の数。
  例 2.64 m → 2，6，4 と3つの数字を読み取ったので，有効数字3桁。
  ↑途中や末尾の0も1つと数える

- **測定値の計算**
  ① **乗法・除法**…計算結果の有効数字を，計算に使う測定値の中で，<u>有効数字の桁数の最も小さいもの</u>に合わせる。
  ② **加法・減法**…計算結果の末尾の位を，計算に使う測定値の中で，<u>末尾の位の最も高いもの</u>に合わせる。

- **測定値の表し方**…最高位の数字が，0以外の数字で，1の位から始まるように記し，10の累乗を用いて表す。
  例 ① 209 m → 2.09×10^2 m ② 0.581 kg → 5.81×10^{-1} kg

- **誤 差**
  ① 絶対誤差＝測定値－真の値 ② 相対誤差〔%〕＝$\dfrac{絶対誤差}{真の値} \times 100$

- **次元（ディメンション）**…長さ→［L］，質量→［M］，時間→［T］で表す。

基本問題 ……………………………………………………………… 解答 → 別冊 p.2

1 有効数字

次の測定値の有効数字は何桁か。
☐ (1) 0.182 kg　　☐ (2) 13.46 cm　　☐ (3) 9.30 s

2 測定値の表し方

次の測定値を，測定値の表し方の約束にしたがって，**10 の累乗の形で表せ**。また，単位は MKSA 単位系を用いること。

- (1) 22.46 g
- (2) 56.38 cm
- (3) 2.36 km

3 測定法

台ばかりを使って質量 (kg) を測定した。次の台ばかりの指針を読み取れ。

- (1)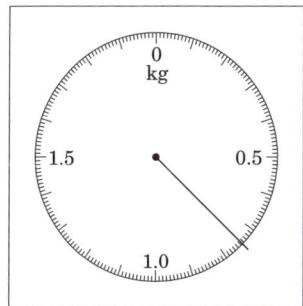
- (2)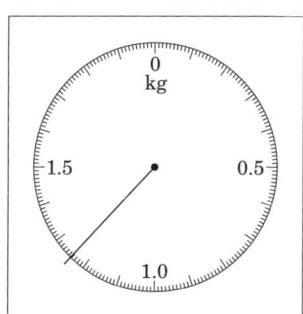

4 次 元

次の物理量の次元を求めよ。

- (1) 速さ
- (2) 加速度
- (3) 力
- (4) 仕事

応用問題

解答 → 別冊 p.2

5

測定値を用いた計算をせよ。結果は，有効数字を考え，MKSA 単位系で **10 の累乗の形で表せ**。

- (1) 半径 1.25 cm の円がある。
  - ① 円周の長さを求めよ。
  - ② 円の面積を求めよ。
- (2) 横の長さが 10.42 cm，縦の長さが 3.15 cm の長方形がある。
  - ① 面積を求めよ。
  - ② 対角線の長さを求めよ。
- (3) 質量 154.36 g の物体と質量 22.4 g の物体の質量の和を求めよ。

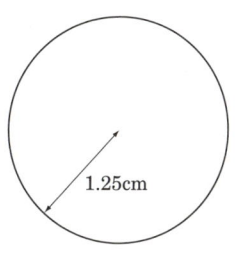

2 速さと速度

テストに出る重要ポイント

- **変位**…物体が，どちらにどれだけ移動したかを表す量。**ベクトル**で表される。
- **平均の速さと瞬間の速さ**
  ① 平均の速さ…t〔s〕間にx〔m〕だけ移動したときの平均の速さ$\bar{v}$〔m/s〕は，$\bar{v} = \dfrac{x}{t}$
  ② 瞬間の速さ…経過時間を十分小さくとったとき，時刻tの瞬間の速さは変位－時間グラフ（x-tグラフ）の**接線の傾き**で表される。
  ③ 速さの単位…〔m/s〕，〔km/h〕など。
- **等速直線運動**
  ① $v = $ 一定 （速さ＝直線の傾き）
  ② $x = vt$ （移動距離＝囲まれた面積）

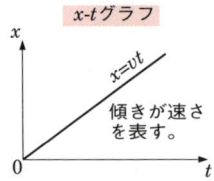
x-tグラフ
傾きが速さを表す。

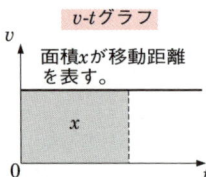
v-tグラフ
面積xが移動距離を表す。

- **速度の合成・分解**
  ① 速度の合成　$\vec{v} = \vec{v_1} + \vec{v_2}$
  ② 速度の分解　x成分：$v_x = v\cos\theta$
  　　　　　　　y成分：$v_y = v\sin\theta$

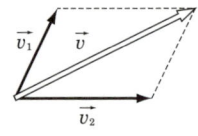
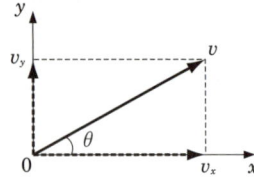

- **相対速度**
  物体A（速度$\vec{v_A}$）に対する物体B（速度$\vec{v_B}$）の相対速度$\vec{v_{AB}}$は，
  $\vec{v_{AB}} = \vec{v_B} - \vec{v_A}$

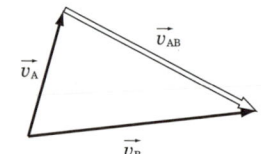

基本問題

6 変位

右図のようにボールが O 点より斜面を滑り上がり，A 点で一瞬止まり，その後 B 点まで戻ってきた。ただし，斜面上方を正方向とする。

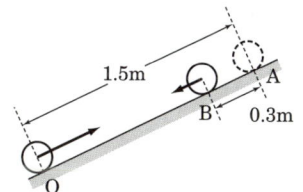

- (1) O 点から B 点までの変位はいくらか。
- (2) O 点から B 点まで，ボールの動いた道のりはいくらか。

7 速さの単位

次の問いに答えよ。
- (1) 72 km/h は何 m/s か。
- (2) 15 m/s は何 km/h か。

📖 ガイド　1 km/h = $\frac{1000}{3600}$ m/s

8 平均の速さ 〈テスト必出〉

次の問いに答えよ。
- (1) 300 m を 20 s で走る人の平均の速さは何 m/s か。
- (2) 8.00 m/s で 25.0 s 間移動した自転車が進んだ距離は何 m か。

9 等速直線運動 〈テスト必出〉

下のグラフは，一定の速さで運動している物体の距離−時間グラフ（x-t グラフ）である。

- (1) 5 s から 10 s の間に移動した距離は何 m か。
- (2) この物体の速さは何 m/s か。
- (3) この x-t グラフをもとに速度−時間グラフ（v-t グラフ）を表せ。

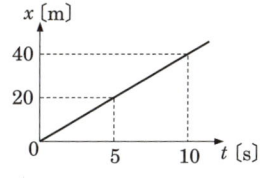
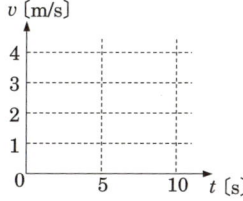

📖 ガイド　x-t グラフが直線のとき，その傾きが速さになる。つまり，速さは一定なので等速運動とわかる。

10 速度の合成 ◁テスト必出

7.0 m/s で動いている船の上で，A 君が 4.0 m/s で次のように走ったとき，岸にいる B 君からは何 m/s の速さで動いているように見えるか。

- □ (1) 船の進む方向に走ったとき。
- □ (2) 船の進む方向と反対に走ったとき。

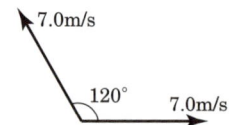

11 速度の合成

右図から合成速度を作図し，その大きさを求めよ。

📖 ガイド　平行四辺形の法則を用いる。

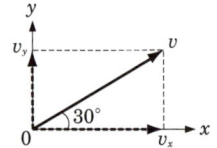

12 速度の分解

水平に対して 30° 上向きに，速さ 30 m/s でボールを投げ出した。ボールを投げ出したときの速度の水平成分 (v_x) と鉛直成分 (v_y) は，それぞれ何 m/s か。

13 相対速度 ◁テスト必出

直線道路を 15 m/s で走っているバス A がある。

- □ (1) バス A と同じ方向に 20 m/s で走っている自動車 B の，バス A に対する相対速度の大きさは何 m/s か。
- □ (2) バス A と反対方向に 20 m/s で走っている自動車 B の，バス A に対する相対速度の大きさは何 m/s か。

📖 ガイド　物体 A（速度 $\vec{v_A}$）に対する物体 B（速度 $\vec{v_B}$）の相対速度は $\vec{v_B} - \vec{v_A}$ である。

応用問題　　　　　　　　　　　　　解答 ➡ 別冊 *p.4*

14 ◁差がつく

右のグラフは，自転車が A 点を出発してからの距離-時間グラフ（*x-t* グラフ）である。

- □ (1) 2 s から 4 s 間の平均の速さは何 m/s か。
- □ (2) B 点，C 点における瞬間の速さは何 m/s か。ただし，直線 b，c は，点 B，C における接線を表している。

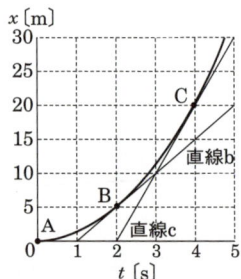

15 一定の速さで流れる川で，船が船首を川の流れに垂直に向けて進んだところ，図のように川岸から 60° の向きに 4.0 m/s の速さで動いた。

(1) 川の流れの速さは何 m/s か。
(2) 岸に対する船の速さは何 m/s か。
(3) 川の流れに垂直に向かって進むには，流水に対してどんな角度 θ で船首を向ける必要があるか。cosθ の値を求めよ。
(4) (3)のとき，岸に対する船の速さは何 m/s か。

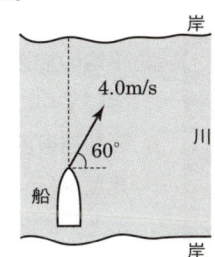

例題研究 1. 水平な直線上を 5.0 m/s の速さで動いている電車の窓から外を見たとき，雨滴が鉛直に対して 30° の角をなして電車の進行方向から降ってくるように見えた。風はなく，雨滴は鉛直に降っているものとする。

(1) 地面に対する雨滴の落下する速さはいくらか。
(2) 電車の窓から見ると，雨滴の落下する速さはいくらに見えるか。

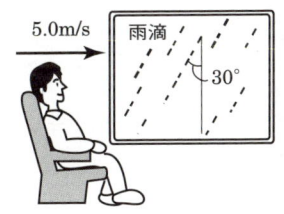

着眼 電車の速さを v_A，地面に対する雨滴の落下する速さを v_B とするとき，電車から見た雨滴の相対速度は，$\vec{v}_{AB} = \vec{v}_B - \vec{v}_A$ である。これを図で表すと，下の図になる。(1), (2)で求める値は，それぞれどの速さに対応するか考えてみよう。

解き方 (1) 右図より，雨滴の速さ v_B は

$$v_B = \frac{v_A}{\tan 30°}$$
$$= 5.0 \times \sqrt{3}$$
$$\fallingdotseq 8.7 \,[\text{m/s}]$$

(2) 電車から見た雨滴の速さ v_{AB} は，

$$v_{AB} = \frac{v_A}{\sin 30°}$$
$$= 5.0 \times 2$$
$$= 10 \,[\text{m/s}]$$

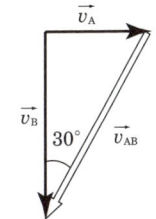

答 (1) 8.7 m/s (2) 10 m/s

3 加速度

> **テストに出る重要ポイント**
>
> - **平均の加速度**…t〔s〕間に速さがv_0〔m/s〕からv〔m/s〕に変化したときの平均の加速度$\bar{a}$〔m/s²〕は，$\bar{a} = \dfrac{v - v_0}{t}$
> - **等加速度直線運動**…一定の加速度a〔m/s²〕で，初速度v_0〔m/s〕から速度v〔m/s〕になるまでの時間をt〔s〕，このときの変位をx〔m〕とすると，
>
> $$v = v_0 + at \qquad x = v_0 t + \dfrac{1}{2}at^2 \qquad v^2 - v_0^2 = 2ax$$
>
> - **速度−時間グラフ（v-tグラフ）**…v-tグラフの傾きは<u>加速度</u>を表す。
>
>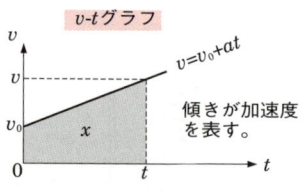
> 傾きが加速度を表す。
>
>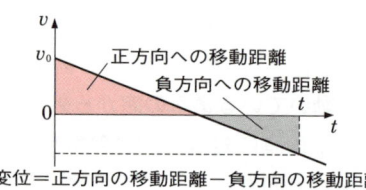
> 変位＝正方向の移動距離−負方向の移動距離

基本問題　　　　　　　　　　　　　　　　　　解答 ➡ 別冊 *p.4*

16 平均の加速度

直線上を物体が運動している場合，次の平均の加速度の向きと大きさを求めよ。
- □(1) 右向きに10m/sで運動している物体が，10s後に同じ向きで15m/sになった。
- □(2) 右向きに15m/sで運動している物体が，3.0s後に止まった。
- □(3) 右向きに8.0m/sで運動している物体が，6.0s後に左向きに4.0m/sになった。

17 等加速度直線運動 ◀ テスト必出

等加速度直線運動をしている物体がある。次の各物理量を求めよ。
- □(1) 初速度10m/sで運動している物体が，25s後に30m/sになった。加速度は何m/s²か。
- □(2) 初速度2.0m/sの物体が加速度4.0m/s²で運動している。5.0s後の速度は何m/sか。
- □(3) 初速度3.0m/sの物体が加速度2.0m/s²で運動している。4.0s後の変位は何mか。

☐ (4) 初速度 5.0 m/s の物体が加速度 1.5 m/s² で運動して速度が 10 m/s になった。この間の移動距離（変位）は何 m か。

18 等加速度直線運動 ◀テスト必出

図のように O 点を出発してから一定の加速度で速さを増す自動車が，点 P（速さ 2.0 m/s）を通過してから点 Q（速さ 10.0 m/s）を通過するまでに 4.0 s かかった。

☐ (1) 加速度の大きさは何 m/s² か。
☐ (2) PQ 間の移動距離は何 m か。
☐ (3) OP 間の経過時間は何 s か。

📖 ガイド　一定の加速度，つまり等加速度である。初速度 v_0 [m/s] の物体が等加速度 a [m/s²] で進み，t [s] 後に速度 v [m/s] になったとすれば，$v = v_0 + at$ で表せる。

19 v-t グラフ ◀テスト必出

下図は，エレベータが上昇したときの速度－時間グラフ（v-t グラフ）である。

☐ (1) 時刻 0 s から 2.0 s までの加速度の大きさは何 m/s² か。
☐ (2) 7.0 s 間にエレベータが上昇した距離は何 m か。
☐ (3) 距離－時間グラフ（x-t グラフ）をかけ。

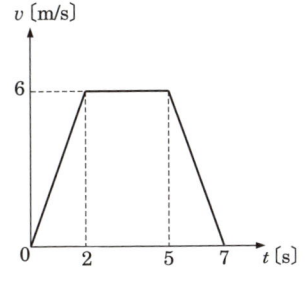 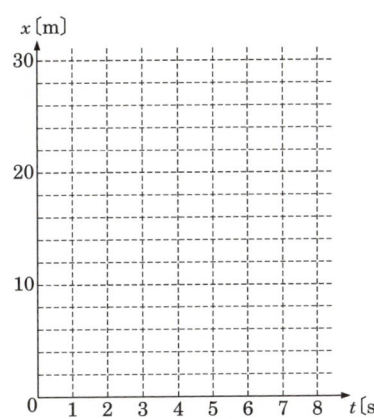

📖 ガイド　x-t グラフは，時刻 0 s から 2 s，5 s から 7 s はそれぞれ放物線となる。2 s から 5 s は直線になる。

応用問題
解答 → 別冊 *p.5*

20 ◀差がつく 10.0 m/s で O 点を出発したボールが斜面を A 点まで上がり，O 点を出発してから 3.0 s 後に，B 点を斜面下向きに 2.0 m/s で通過した。ボールの加速度は一定で，斜面上向きを正として，次の問いに答えよ。

- (1) ボールの加速度は何 m/s² か。
- (2) OA 間に要した時間は何 s か。
- (3) OB 間の距離は何 m か。
- (4) O から A を通り B まで戻る道のりは何 m か。

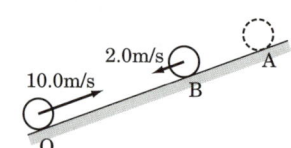

例題研究 2. O 点を出発した物体が，一直線上を下図のような *v-t* グラフで表される運動をしている。

(1) 物体が O 点から最も離れるのは何 s 後か。また，そのときの距離は何 m か。

(2) 14 s 間の物体の変位は何 m か。また，そのときの物体が動いた道のりは何 m か。

(3) この物体の加速度−時間グラフ (*a-t* グラフ) をかけ。

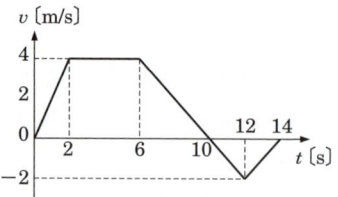

着眼 *v-t* グラフと *t* 軸とで囲まれた部分の面積は，物体の移動した距離である。*t* 軸より下の面積は O 点から最も離れた点から戻ってきたときの距離である。*v-t* グラフの傾きは加速度だから，これをもとに *a-t* グラフをかく。

解き方 (1) 最も離れるのは *v-t* グラフで *t* 軸より上の面積が最も大きいときであるから，10 s 後である。

このときの *v-t* グラフの面積は，

$$x_1 = \frac{(4+10) \times 4}{2} = 28 \,[\text{m}]$$

(2) 10 s から 14 s までの移動距離は，$x_2 = \dfrac{4 \times 2}{2} = 4 \,[\text{m}]$

よって，変位は 28 − 4 = 24 [m]，道のりは 28 + 4 = 32 [m]

(3) 0 s から 2 s の加速度は，$a_1 = \dfrac{4}{2} = 2 \,[\text{m/s}^2]$

2sから6sの加速度は，$a_2 = 0$ [m/s²]

6sから12sの加速度は，$a_3 = \dfrac{(-2)-4}{12-6} = -1$ [m/s²]

12sから14sの加速度は，$a_4 = \dfrac{0-(-2)}{14-12} = 1$ [m/s²]

これを a-t グラフに表すと，次の図のようになる。

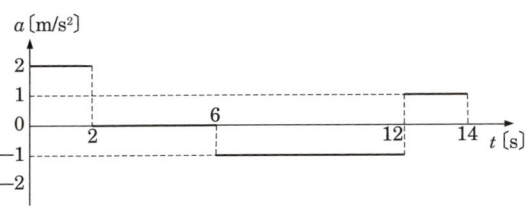

答 (1) 10s 後，28m (2) 変位…24m，道のり…32m (3) 上図

---

21 ある物体の運動を記録タイマーを用いて測定したところ，下図のテープのような結果を得た。打点間隔を 0.0200s (5打点で 0.100s) として，下の表を完成し，加速度の平均の大きさを求めよ。

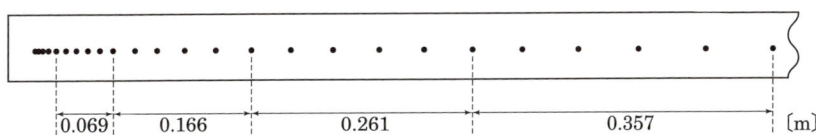

時刻 t [s]	0	0.100	0.200	0.300	0.400
時間 [s]	/				
位置 x [m]	0				
位置の変化 [m]	/				
速度 v [m/s]					
速度の変化 [m/s]	/				
加速度 [m/s²]	/				

📖 ガイド　テープの下の数値は「位置」ではなく「位置の変化」である。

4 空中での物体の運動

テストに出る重要ポイント

- **重力加速度**…地上付近では重力加速度は<u>鉛直下向きで一定</u>。
  重力加速度 g の値は，$g = 9.8\,\text{m/s}^2$

- **落体の運動**

  ① **自由落下**（$v_0 = 0$） 鉛直下向きを正とする。
  $$v = gt \qquad y = \frac{1}{2}gt^2 \qquad v^2 = 2gy$$

  ② **鉛直投げ下ろし** 鉛直下向きを正とする。
  $$v = v_0 + gt \qquad y = v_0 t + \frac{1}{2}gt^2 \qquad v^2 - v_0^2 = 2gy$$

  ③ **鉛直投げ上げ** 鉛直上向きを正とする。
  $$v = v_0 - gt \qquad y = v_0 t - \frac{1}{2}gt^2 \qquad v^2 - v_0^2 = -2gy$$

  $v_0\,[\text{m/s}]$：初速度，$v\,[\text{m/s}]$：時刻 $t\,[\text{s}]$ の速度，$y\,[\text{m}]$：変位

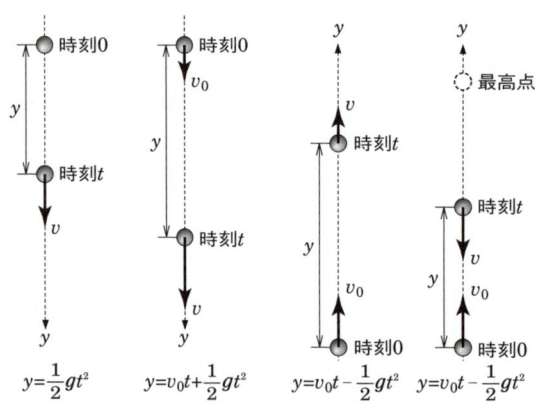

- **水平投射・斜方投射**

運動	水平方向の成分	鉛直方向の成分	軌道（軌跡）
水平投射	等速直線運動	自由落下	放物線
斜方投射		鉛直投げ上げ	

※運動を水平方向と鉛直方向に分解して考えることができる。

基本問題  解答 → 別冊 *p.6*

22 落体の運動

次の文中の［　］に適当な語句，式または数値を入れよ。

落体の運動は，加速度の向きは［　①　］向きで，大きさは［　②　］〔m/s²〕の［　③　］運動である。この加速度を［　④　］加速度といい，文字は g を用いる。

実際に，等加速度直線運動の 3 つの式 $v = v_0 + at$, $x = v_0 t + \frac{1}{2}at^2$, $v^2 - v_0^2 = 2ax$ のそれぞれを落体の運動にあてはめてみる。

自由落下では，初速度が［　⑤　］であるから，［　⑥　］向きを正として，落下距離を y，加速度を g に置き換えると，3 つの式はそれぞれ［　⑦　］，［　⑧　］，［　⑨　］と表せる。また，初速度 v_0 の鉛直投げ上げでは，［　⑩　］向きを正とすると，加速度は $-g$ となり，高さ（変位）を y に置き換えると，3 つの式は［　⑪　］，［　⑫　］，[　⑬　］と表せる。

23 自由落下

高さ 44.1 m のビルの上からボールを自由落下させた。重力加速度の大きさを 9.8 m/s² とする。

(1) 自由落下をはじめてから 2.0 s 間の落下距離は何 m か。
(2) 地面に達するのは何 s 後か。
(3) 地面に達するときのボールの速さは何 m/s か。

24 鉛直投げ下ろし

初速度 5.0 m/s で，鉛直下向きに小球を投げ下ろした。

(1) 2.0 s 後の速さは何 m/s か。
(2) 投げてから 3.0 s 間に落下した距離は何 m か。

25 鉛直投げ上げ　◀テスト必出

初速度 14.7 m/s で，鉛直上向きに小石を投げ上げた。

(1) 1.0 s 後の小石の速さは何 m/s か。また，投げ上げたところからの高さは何 m か。
(2) 小石の速さが 0 m/s になるのは，投げ上げてから何 s 後か。

26 水平投射・斜方投射 ◀テスト必出

次の文中の[　]に適当な語句または数値を入れよ。

物体を水平や斜め上向きに投げ出すと，物体は[①]線をえがきながら運動する。水平に投げ出したときを[②]投射，斜めに投げ出したときを[③]投射という。これらの運動を水平方向の成分と鉛直方向の成分に分けて考えると，水平方向には[④]運動をする。また鉛直方向には，水平に投げ出したときは[⑤]運動，斜め上方に投げ出したときは[⑥]運動をする。このとき，鉛直方向の加速度は物体の運動に関係なく常に一定で，[⑦][m/s²]である。この加速度を[⑧]加速度という。

📖 ガイド　運動の問題を解くときの基本的な考え方である。水平投射，斜方投射いずれの場合も，水平方向と鉛直方向の運動に分けることを覚えておくとよい。

応用問題　　　　　　　　　　　解答 ➡ 別冊 p.6

27 ◀差がつく　高さ78.4mの鉄塔の上から小球Aを落下させた。

□(1)　小球Aを自由落下させたとき，地面につくのは何s後か。

□(2)　小球Aを鉛直下向きに投げたら2.0s後に地面に達した。小球に与えられた初速度は何m/sか。

□(3)　図のように，鉄塔の上から小球Aを自由落下させると同時に，小球Aの真下の地上から，初速度39.2m/sで小球Bを鉛直上向きに投げた。小球AとBが空中で衝突するのは何s後か。

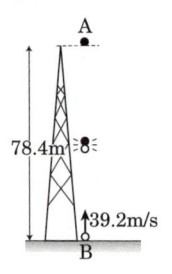

📖 ガイド　(3) 小球Aの落下した距離と小球Bの上昇した距離の和が，鉄塔の高さになっている。

例題研究　**3.** 高さ24.5mのビルの屋上からボールを初速度19.6m/sで真上に投げ上げた。

(1)　ボールの最高点の高さは地面から何mか。
(2)　再びビルの屋上の高さまで戻ってきたときのボールの速さは何m/sか。
(3)　地面に達するまでの時間は何s間か。
(4)　地面に達するときのボールの速さは何m/sか。

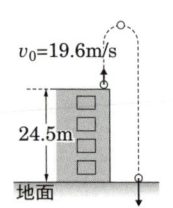

> **着眼** (1) 最高点での速さは 0 m/s である。
> (2) 同じ高さでは，上昇中も下降中も速さは同じで，向きは反対。
> (3) 地面はビルの屋上より 24.5 m 下だから，$y = -24.5$ m を用いる。
>
> **解き方** (1) ボールは最高点では一瞬止まる。すなわち $v = 0$ m/s となる。
> よって，$0^2 - 19.6^2 = -2 \times 9.8 \times y$ より，$y = 19.6$ m
> これにビルの高さを加えると，$19.6 + 24.5 = 44.1$ 〔m〕
> (2) 屋上の高さは $y = 0$ m だから，$v^2 - 19.6^2 = 2 \times 9.8 \times 0$ より $v = \pm 19.6$
> 落下中は下向きだから，$v = -19.6$。速さは大きさだけだから，19.6 m/s
> (3) ボールが $y = -24.5$ m のときの時間を t とすれば，$-24.5 = 19.6t - 4.9t^2$
> 変形して，$t^2 - 4t - 5 = (t-5)(t+1) = 0$
> よって，$t = 5$ s ($t > 0$ だから $t = -1$ s は不適)
> (4) 投げてから 5.0 s 後の速さを求める。　$v = 19.6 - 9.8 \times 5 = -29.4$
> 速さとしては大きさだけを考えて，29.4 m/s
>
> **答** (1) 44.1 m　(2) 19.6 m/s　(3) 5.0 s　(4) 29.4 m/s

28 [発展] P君が頭上の A 点からボールを水平に投げ出した。A 点の真下の足もとを O 点，落下点を B 点として，次の問いに答えよ。

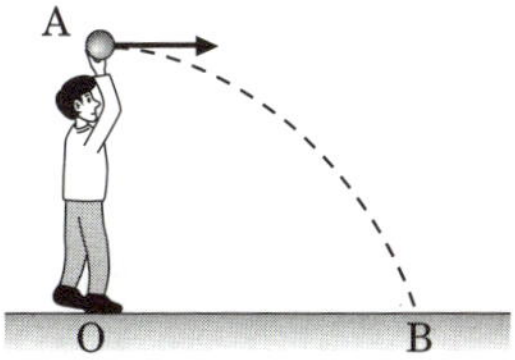

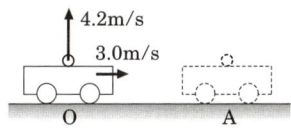

□ (1) 初速度を 3 倍にすると，落下に要する時間は何倍になるか。

□ (2) 初速度を 2 倍にすると，OB 間の距離は何倍になるか。

29 [差がつく][発展] 右図のように，台車が 3.0 m/s で等速運動している。台車が点 O を通過する瞬間に，小球を真上に初速度 4.2 m/s で打ち上げると，小球は点 A で再び台車に落下した。

□ (1) 小球の最高点の高さは何 m か。
□ (2) 打ち上げてから再び戻ってくるまでの時間は何 s か。
□ (3) OA 間の距離は何 m か。
□ (4) この間，小球はどのような運動をするか。

> **ガイド** 台車から見ると，小球は鉛直投げ上げ運動を行う。止まっている観察者が見ると，小球は水平方向には台車といっしょに等速運動しているように見える。

5 力の性質

● 力の合成・分解

① **力の合成**…<u>平行四辺形の法則</u>により合成する。
$\vec{F} = \vec{F_A} + \vec{F_B}$

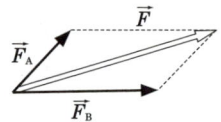

② **力の分解**…右図の $\vec{F_A}$, $\vec{F_B}$ は $\vec{F}$ の分力の例である。このように表すことを，$\vec{F}$ を $\vec{F_A}$, $\vec{F_B}$ に<u>分解する</u>という。
　　　　　　　　　　　　　←合成とは逆の操作

③ **力の成分**
力を x 方向，y 方向に分解したときの分力を，それぞれ <u>x 成分</u> F_x，<u>y 成分</u> F_y という。
$F_x = F\cos\theta$
$F_y = F\sin\theta$

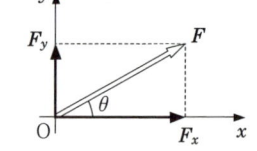

● 力のつり合い

1つの物体にいくつかの力
$\vec{F_1}$, $\vec{F_2}$, $\vec{F_3}$, …
が同時にはたらいていて，つり合っているときは，次の関係が成り立つ。
$\vec{F_1} + \vec{F_2} + \vec{F_3} + \cdots = \vec{0}$（ベクトル和がゼロ）

● 作用・反作用

① 2つの物体と物体の間で，互いに及ぼし合う力（作用・反作用）。
② **作用・反作用の法則**…作用と反作用は，同じ作用線上にあって，<u>大きさが等しく向きが反対</u>。

基本問題 ……………………………………………… 解答 ➡ 別冊 *p.7*

☐ **30** 力の合成　◀テスト必出

右図の2つの力の合力を作図し，その大きさを求めよ。

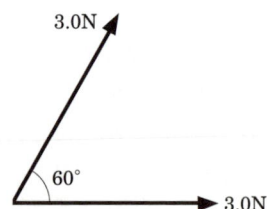

31 力の分解 ◀テスト必出

右図の力 F を x 成分と y 成分に分解したときの、それぞれの成分の大きさを求めよ。

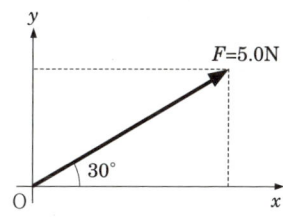

32 重力の分解

右図のような斜面を滑る質量 $4.0\,\text{kg}$ の物体にはたらく重力を、図の x 成分、y 成分に分解したときの、それぞれの大きさを求めよ。

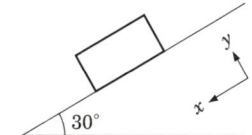

33 力のつり合い

次の各問いに答えよ。重力加速度の大きさを $9.8\,\text{m/s}^2$ とする。
(1) 水平な机の上に置いた質量 $1.5\,\text{kg}$ の本にはたらく垂直抗力は何 N か。
(2) 質量 $0.40\,\text{kg}$ のおもりを糸につるした。糸の張力は何 N か。
(3) 質量 $200\,\text{kg}$ の熱気球が空中に浮いて静止している。熱気球にはたらく浮力は何 N か。

📖 ガイド　それぞれの物体にはたらく力をかき出し、力のつり合いで考える。どの問題も重力の大きさがポイントである。

34 力の合成・分解、つり合い

右図のように、O 点に 2 つの力 F_1、F_2 が作用している。1 目盛りは $1.0\,\text{N}$ を表すものとして、次の問いに答えよ。
(1) F_1 の x 成分は何 N か。
(2) F_1、F_2 の合力の y 成分は何 N か。
(3) F_1 と F_2 の合力とつり合う力 F_3 を図示せよ。
(4) F_3 の大きさは何 N か。

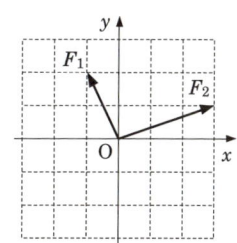

応用問題

解答 → 別冊 p.8

35 水平な机の面上に，物体 A，B が右図のように重ねて置かれている。力 F_1〜F_6 は物体 A，B，机にはたらく力である。

できたらチェック。

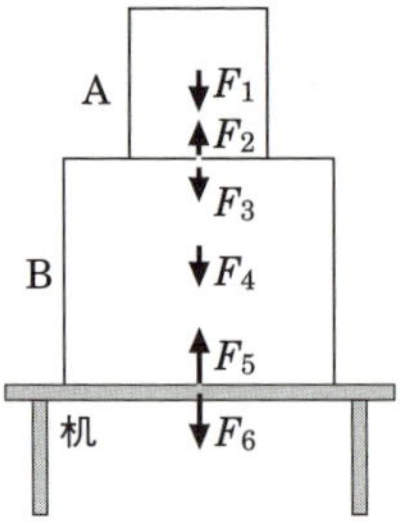

□ (1) 物体 B にはたらく力はどれか，すべてあげよ。

□ (2) F_5 とつり合いの関係にある力はどれか。

□ (3) F_2 と作用・反作用の関係にある力はどれか。

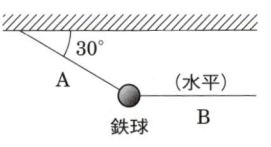

ガイド　力のつり合いと，作用・反作用の力を明確に区別すること。つり合いは 1 つの物体にはたらく力で考える。作用・反作用はそれぞれはたらく物体が違う。

例題研究》 4. 天井から質量 0.50kg の鉄球が糸 A，B で図のようにつるされている。糸 A，B の張力はそれぞれ何 N か。

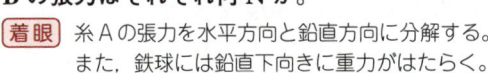

着眼　糸 A の張力を水平方向と鉛直方向に分解する。また，鉄球には鉛直下向きに重力がはたらく。

解き方　糸 A，B の張力をそれぞれ T_A，T_B，重力を $W(=mg)$ とすると，この 3 つの力はつり合っている。

図のように x，y 方向をとり，T_A を x 成分と y 成分に分解して，力のつり合いを考えると

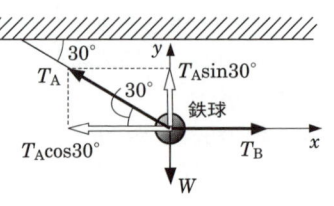

x 成分：$0 = T_B - T_A \cos 30°$　…①

y 成分：$0 = T_A \sin 30° - W$　…②

②より，

$$T_A = \frac{W}{\sin 30°} = \frac{0.50 \times 9.8}{\frac{1}{2}} = 9.8 \text{〔N〕}$$

これを①に代入して，

$$T_B = T_A \cos 30° = 9.8 \times \frac{\sqrt{3}}{2} \fallingdotseq 8.5 \text{〔N〕}$$

答　糸 A の張力：9.8N，糸 B の張力：8.5N

36 〈差がつく〉 ばね定数 200N/m のばねに，質量 5.0kg の物体をつり下げて，右図のように水平な床の上に置いた。

(1) ばねの伸びが 0.10m のとき，物体の垂直抗力の大きさは何 N か。

(2) 物体が床から離れるのは，ばねの伸びが何 m のときか。

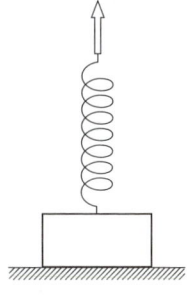

📖ガイド　物体には，鉛直上向きにばねの弾性力，垂直抗力がはたらき，鉛直下向きに重力がはたらく。力のつり合いを考えること。
(2)は垂直抗力が 0 になる条件を考える。

37 角度 30° の斜面上に，質量 2.0kg の物体を置き，静かにはなしたところ，物体は静止を続けた。重力加速度の大きさを $9.8\,\text{m/s}^2$ として，以下の問いに答えよ。

(1) 物体にはたらく摩擦力の大きさを求めよ。

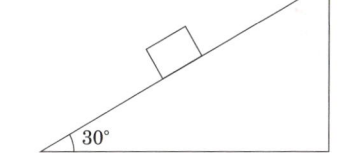

物体の一端に糸をつけ，滑車を通し質量 1.5kg のおもりをつるしても，物体は静止を続けた。

(2) 物体にはたらく摩擦力の大きさと向きを求めよ。

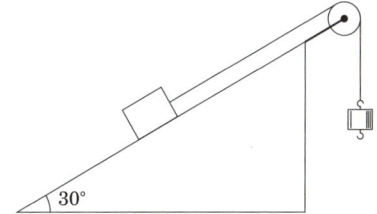

6 運動の法則

テストに出る重要ポイント

- **運動の3法則**
  ① **慣性の法則（運動の第1法則）**
  外部から力がはたらかないか、あるいはいくつかの力がはたらいても、それらがつり合っている場合、静止している物体は**静止**を続け、運動している物体は**等速直線運動**を続ける。

  ② **運動の法則（運動の第2法則）**
  物体にはたらく合力 $\vec{F}$ の向きに加速度 $\vec{a}$ が生じる。また、その加速度の大きさは**合力の大きさに比例**し、物体の**質量に反比例**する。

  ③ **作用・反作用の法則（運動の第3法則）**…p.18 参照。

- **運動方程式**
  ① **力の単位〔N〕（ニュートン）**…1Nは、質量1kgの物体に作用して、$1\,\text{m/s}^2$ の加速度を生じさせる力の大きさ。

  ② **運動方程式**…質量 m〔kg〕の物体が力 $\vec{F}$〔N〕を受けて加速度 $\vec{a}$〔m/s²〕を生じるとき、$m\vec{a}=\vec{F}$（運動方程式）が成り立つ。

- **斜面上の物体の運動**
  x 方向（斜面に平行）⇨ **運動方程式**
  $ma = mg\sin\theta$
  y 方向（斜面に垂直）⇨ **力のつり合いの式**
  $N - mg\cos\theta = 0$

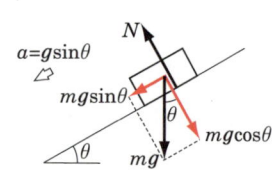

- **運動方程式の立て方**
  ① 各物体にはたらく力を**ベクトル**で記入。
  ・離れていてもはたらく力…重力 mg（地球から）
  ・接触している物体からの力…張力 T（糸から）、垂直抗力 N（面から）など。

  ② 運動している方向を x 軸、それに垂直な方向を y 軸に決める。x 軸方向に加速度 a が生じる。

  ③ 各物体について、x 軸方向に**運動方程式**を立てる。

  ④ 各物体について、y 軸方向に力の**つり合いの式**を立てる。（計算に必要ない場合もある）

(注) 1. 運動方程式を解く→未知数（問われている物理量）を求める。
2. 2つ以上の物体があるときは，連立方程式を解くことがある。
3. よくある表現…軽い（糸）→質量の無視できる（糸），なめらかな面→摩擦の無視できる面

基本問題　　　　　　　　　　　　　　　　　　　　　　　　解答 ➡ 別冊 *p.9*

38 運動の3法則

次の文中の [　] に適当な言葉を入れよ。

　ニュートンは運動の3法則を見い出した。運動の第1法則は，[　①　] の法則といわれる。この法則は，物体に力がはたらかないか，物体に力がはたらいてもそれらが [　②　] いるときは，静止している物体はいつまでも静止を続け，運動している物体はいつまでも [　③　] 運動を続けるというものである。運動の第2法則は [　④　] の法則といわれる。この法則は [　⑤　] 方程式を言葉で表したものである。運動の第3法則は [　⑥　] の法則といわれる。

39 運動の法則　テスト必出

次の問いに答えよ。
(1) 質量 3.0 kg の物体に 6.0 m/s^2 の加速度を生じさせる力は何 N か。
(2) 質量 1.5 kg の物体が，2.0 m/s の一定の速度で動いているとき，物体にはたらく合力は何 N か。
(3) 質量 5.0 kg の物体に 20 N の力を加えたとき，物体に生じる加速度の大きさは何 m/s^2 か。

40 運動方程式　テスト必出

　質量 0.50 kg のおもりを軽い糸でつるし，糸の上端を持っている。重力加速度の大きさを 9.8 m/s^2 とする。

↑ 2.4 m/s^2

(1) おもりが静止しているとき，糸の張力は何 N か。
(2) おもりを加速度 2.4 m/s^2 で加速させながら引き上げた。
　① おもりにはたらく力をベクトルで図示せよ。
　② 張力を T として，運動方程式を立てよ。
　③ ②の式より，張力 T は何 N か。

- (3) おもりを等速度 1.5m/s で引き上げたとき，張力は何 N か。
- (4) おもりを下向きの加速度 1.4m/s² で下降させたとき，張力は何 N か。

41 斜面上の運動

右図のように，角度 30°のなめらかな斜面を，質量 4.0 kg の物体が滑りおりている。このときの加速度は何 m/s² か。ただし，重力加速度の大きさを 9.8 m/s² とする。

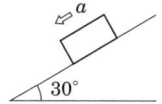

応用問題　　　　　　　　　　　　　　　　解答 ⇒ 別冊 p.10

【例題研究】 5. 右図のように，質量 3.0 kg のおもり A と質量 2.0 kg のおもり B を，糸 1，2 でつなぎ，糸 1 の上端を 90N の力で引き上げた。このときのおもり A，B の加速度の大きさと，糸 2 の張力の大きさをそれぞれ求めよ。ただし，重力加速度の大きさを 9.8 m/s² とする。

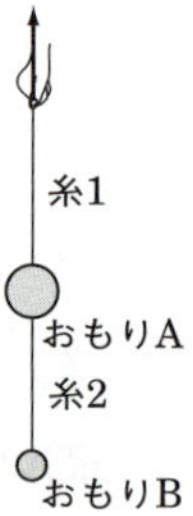

[着眼] おもり A，B にはたらく力を図示する。鉛直上向きを x 方向として，おもり A，B それぞれの運動方程式を立ててみよう。

[解き方] おもり A，B にはたらく力を図示すると下図のようになる。おもり A，B の加速度の大きさを a [m/s²]，糸 2 の張力の大きさを T [N] とすると，x 方向のおもり A，B の運動方程式は

　　おもり A：$3.0 \times a = 90 - 3.0 \times 9.8 - T$ …①
　　おもり B：$2.0 \times a = T - 2.0 \times 9.8$ …②

①，②を整理すると
　　$3a = 60.6 - T$ 　　　　　　　　　…③
　　$2a = T - 19.6$ 　　　　　　　　　…④

③，④の連立方程式を解く。
③＋④より，$3a + 2a = (60.6 - T) + (T - 19.6)$
よって，$a = 8.2$ [m/s²]
これを④に代入して，$2 \times 8.2 = T - 19.6$
これから，$T = 36$ [N]

【答】 加速度：8.2 m/s²，張力：36 N

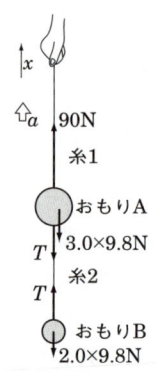

42 なめらかに回転する軽い滑車に軽い糸をかけ，両端に質量 M の物体 A と質量 m の物体 B をつけたところ，物体 B が上昇した（$M > m$）。加速度の大きさを a，糸の張力の大きさを T，重力加速度の大きさを g とする。

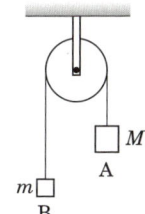

(1) 物体 A, B それぞれの運動方程式を立てよ。
(2) a と T をそれぞれ M, m, g を用いて表せ。

43 右図のように，なめらかな水平面に質量 1.0kg の物体 A と質量 2.0kg の物体 B を接触させて置いてある。物体 A を 6.0N の力で水平方向に押したとき，次の問いに答えよ。

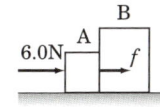

(1) 物体 A, B の加速度の大きさは何 m/s² か。
(2) 物体 A が物体 B を押す力 f の大きさは何 N か。

📖 ガイド　物体 A は，押す力（6.0N）と物体 B から力 f の反作用 $-f$ を受ける。

44 質量がどちらも 2.0kg の物体 A, B に軽い糸をつけ，傾斜角 30°のなめらかな斜面に物体 A を置き，なめらかに回転する軽い滑車を通して物体 B をつるす。このときの物体 A, B の加速度の大きさと糸の張力の大きさを求めよ。ただし，重力加速度の大きさを 9.8m/s² とする。

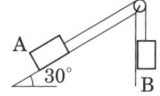

45 右図のように軽い定滑車にかけた軽い糸の一端に質量 $3m$ のおもり A をつるし，他端に質量の無視できる動滑車をつけ天井に固定する。動滑車には質量 m のおもり B をつるすと，おもり A は下降し，おもり B は上昇した。ただし，重力加速度の大きさを g とする。

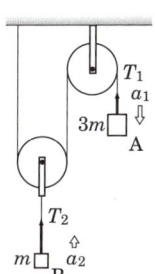

(1) おもり A の加速度の大きさ a_1 と，おもり B の加速度の大きさ a_2 はどのような関係か。
(2) おもり A を引く張力の大きさ T_1 と，おもり B を引く張力の大きさ T_2 はどのような関係か。
(3) a_1 と T_1 をそれぞれ m, g を用いて表せ。

📖 ガイド　(2) 動滑車にはたらく力は，おもり B に引かれる力 T_2 と，おもり A に引かれる力 T_1，天井に支えられる力である。天井に支えられる力の大きさは T_1 である。

7 いろいろな力のはたらき

テストに出る重要ポイント

- **面から受ける力**…抗力のこと。面が物体に及ぼす力。
  ① **垂直抗力**：面に垂直な成分
  ② **摩擦力**：面に水平な成分
      （物体の運動を妨げる力）
- **糸が引く力**…**張力**という。糸が物体を引く力。
- **ばねの弾性力**…ばねが物体を押す（引く）力
- **フックの法則**…ばねの弾性力の大きさ F〔N〕は，ばねの伸び（縮み）x〔m〕に比例する。
    $F = kx$ k：ばね定数〔N/m〕
- **重力**…地球が物体を引く力
    質量 m〔kg〕の物体が受ける重力の大きさ（重さ）W〔N〕は
    $W = mg$ g：重力加速度〔m/s^2〕
- **力の単位**…〔N〕（ニュートン）を用いる。100gの物体にはたらく重力の大きさが約1Nである。
- **気体や液体の受ける力**
  ① **圧力**…気体や液体が，単位面積を垂直に押す力。面積 S〔m^2〕を F〔N〕で押すときの圧力 P〔Pa〕は
    $$P = \frac{F}{S}$$
  ② **大気圧**…物体が大気から受ける圧力。
    1 atm（気圧）= 1.013 × 10^5 Pa
  ③ **水圧**…物体が水中で受ける圧力。深さ h〔m〕での水圧 P〔Pa〕は
    $P = P_0 + \rho g h$ ρ：水の密度〔kg/m^3〕，P_0：大気圧〔Pa〕
    ←大気圧を入れない場合もある
    ※水中では10m深くなると，水圧が約1atm増加する。
  ④ **浮力**…水が水中の物体を押し上げる力。アルキメデスの原理では，水中の物体は物体と同じ体積 V〔m^3〕の水の重さに等しい浮力 F〔N〕を受ける。
    $F = \rho V g$

基本問題

解答 → 別冊 p.11

46 力の図示 テスト必出

できたらチェック。

次の指示された物体にはたらく力を，それぞれベクトルで図示せよ。ただし，大気による浮力は考えない。

□ (1)　りんご

□ (2)　なめらかな斜面上で静止している物体

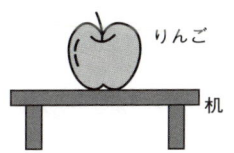

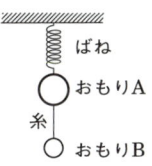

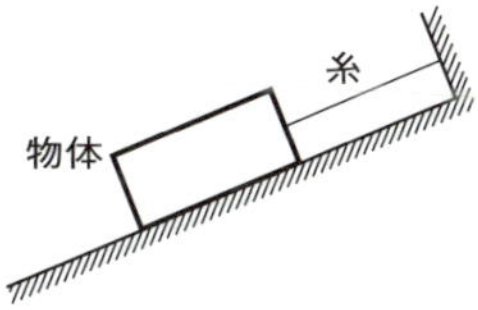

□ (3)　てるてる坊主

□ (4)　おもり A

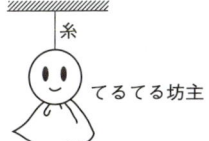

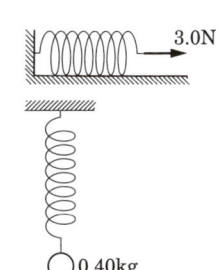

47 弾性力 テスト必出

弾性力について，次の問いに答えよ。

□ (1)　3.0 N で引くと 0.15 m 伸びるばねがある。ばね定数は何 N/m か。

□ (2)　このばねに 0.40 kg のおもりをつけて垂直につるしたら，ばねの伸びは何 m になるか。

□ 48 重　力 テスト必出

質量 50 kg のおもりにはたらく重力は何 N か。

□ 49 圧　力

1 辺が 0.20 m の正方形の面を 60 N の力で垂直に押しているとき，この面にかかる圧力は何 Pa か。

□ 50 水　圧

深さ 35 m の水の中での水圧は何 Pa か。ただし，水の密度は $1.0 \times 10^3 \mathrm{kg/m^3}$，重力加速度の大きさは $9.8 \mathrm{m/s^2}$ とし，大気圧は考えないものとする。

51 浮力

体積 $6.5 \times 10^{-5} \mathrm{m}^3$ のピンポン球が,ビーカーの中で水中に糸で固定されている。このピンポン球にはたらく浮力は何Nか。ただし,水の密度は $1.0 \times 10^3 \mathrm{kg/m}^3$,重力加速度の大きさは $9.8 \mathrm{m/s}^2$ とする。

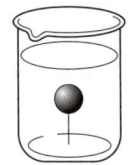

応用問題

解答 → 別冊 *p.12*

52 ばね定数が 49 N/m のばねがある。

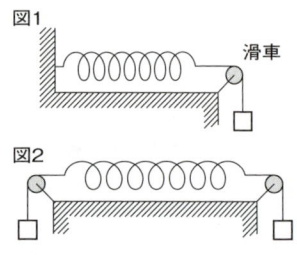

(1) 図1のように,一端を固定して他端に質量 6.0 kg のおもりをつるすと,ばねは何 m 伸びるか。

(2) 図2のように両端にそれぞれ 3.0 kg のおもりをつるすと,ばねは何 m 伸びるか。

📖 ガイド (2) ばねの一方を壁に固定したときと同じになる。

53 ◀差がつく 図のようにばねはかりに糸をつけ,その先に質量 0.40 kg,体積 $5.0 \times 10^{-5} \mathrm{m}^3$ のおもりをつけて水の入ったビーカーに入れた。水の密度を $1.0 \times 10^3 \mathrm{kg/m}^3$,重力加速度を $9.8 \mathrm{m/s}^2$ とする。

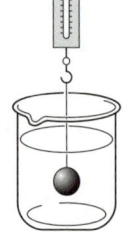

(1) おもりにはたらく重力は何Nか。
(2) おもりにはたらく浮力は何Nか。
(3) 図のようにおもりがビーカーの水の中にあるとき,ばねはかりは何 kg を示すか。

54 長さ *l*,ばね定数 *k* のばね A,B がある。重さ *W* のおもりを図1,2のように取りつけた。

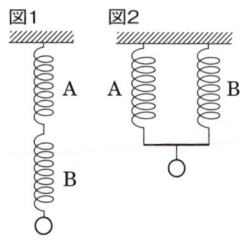

(1) 図1のようにばねを連結させたとき,ばねの伸びの和はいくらか。

(2) 図2のようにばねを連結させたとき,A,B のばねの伸びはいくらか。

55 図のように，軽くて伸び縮みしない丈夫な糸をつけた木片を水に沈め，糸の他端を水底に固定した。大気圧を P [Pa]，水の密度を ρ [kg/m³]，水深を d [m]，重力加速度の大きさを g [m/s²] とする。木片は1辺の長さ L [m]，質量 M [kg] の立方体とし，糸の長さを l [m] とする。

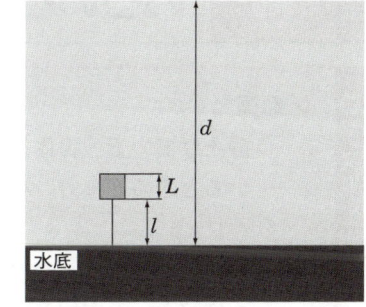

- (1) 木片にはたらく浮力の大きさを求めよ。
- (2) 糸にはたらく力の大きさを求めよ。

56 図のように高さ l, 底面積 S, 密度 ρ の円柱形の物体の上面を密度 ρ_0 ($\rho < \rho_0$) の液体の液面より h だけ下げて手で固定した。物体は均質で変形せず，液体の密度はいたる所で等しいと仮定し，大気圧を P_0，重力加速度を g とする。

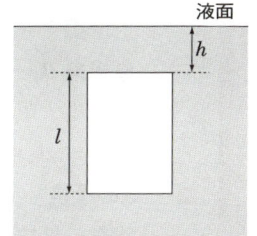

- (1) 図に示した物体の上面および底面にかかる圧力をそれぞれ求めよ。
- (2) 液体中の物体にはたらく浮力の大きさは，その物体が入ったことで押しのけられた液体が受けていた重力の大きさに等しい。これをアルキメデスの原理という。物体の表面全体にかかる圧力を考慮して，アルキメデスの原理が成り立つことを示せ。

57 富士山の山頂付近で，図のように太さが一様で一端を閉じたガラス管に水銀を満たし，水銀を入れた容器に倒立させた。このとき管内の水銀は，外部の水銀面から測って 0.500 m の高さになった。管内の水銀柱の上部は真空を保ち，蒸発はないものとする。なお，山頂でも地表でも水銀の密度は 1.36×10^4 kg/m³，重力加速度は 9.80 m/s² とする。

以下の問いに答えよ。

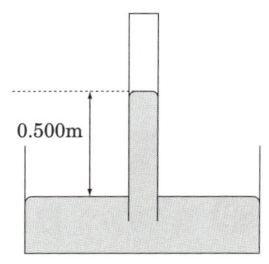

- (1) 山頂付近における気圧は何 Pa か。
- (2) 下山すると，地表での気圧が 1.01×10^5 Pa であった。ここで再び上記の水銀柱の実験を行った場合，水銀柱の高さはいくらになるか。

8 いろいろな力による等加速度運動

テストに出る重要ポイント

● **摩擦力**

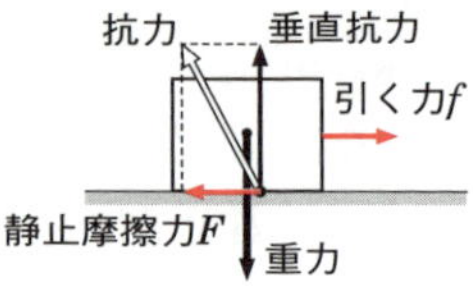

① **静止摩擦力 F**…物体を引いても静止しているときの摩擦力。右図において,
$$F = f$$

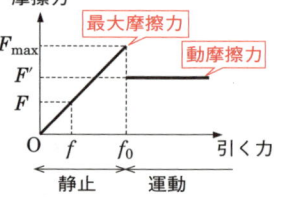

② **最大摩擦力 F_{max}**…物体が動き出す限界の摩擦力。垂直抗力に比例する。
$$F_{max} = \mu N \quad \mu：静止摩擦係数$$

③ **動摩擦力 F'**…物体が動いているときの摩擦力。(最大摩擦力よりは小さい)
$$F' = \mu' N \quad \mu'：動摩擦係数$$

※摩擦が無視できる面→なめらかな面
　摩擦を考慮する面→あらい面, 摩擦のある面

④ **摩擦角 θ_0**…あらい面を傾けていったとき, 物体が滑り出す限界(最大摩擦力)の斜面の角度。
$$\mu = \tan \theta_0$$

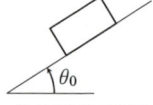
物体が滑り出す

● **空気の抵抗**

① **空気の抵抗**…空気中を運動する物体の速さが大きいほど大きくなる。
② **終端速度**…物体がある速さに達すると(重力)−(空気抵抗)＝0 となり, 等速直線運動をする。このときの物体の速度を**終端速度**という。

基本問題

解答 → 別冊 p.14

58 静止摩擦力　◀テスト必出

あらい水平面に, 質量 2.0 kg の物体を置き, 水平方向に 10 N の力で引いたところ, 物体は動き出した。

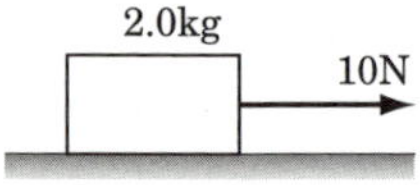

□ (1) 物体を水平方向に 6.0 N で引いたとき, 静止摩擦力は何 N か。
□ (2) 静止摩擦係数はいくらか。

8 いろいろな力による等加速度運動

59 動摩擦力 ◀テスト必出

傾斜角 θ のあらい斜面で質量 m の物体が一定の速さで滑りおりている。物体と斜面の間の動摩擦係数はいくらか。

📖 ガイド　一定の速さで滑りおりているから，斜面に平行な方向の重力の成分と動摩擦力はつり合っている。

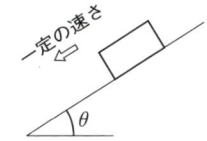

60 摩擦角

あらい斜面上に質量 m の物体を置き，傾斜角を少しずつ大きくしていったところ，傾斜角 θ_0 のとき物体が滑り出した。物体と斜面の間の静止摩擦係数を μ とすると，$\mu = \tan\theta_0$ となることを示せ。

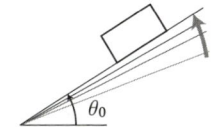

61 終端速度 ◀テスト必出

雨粒が落下するとき，雨粒は落下速度 v に比例する大きさ kv（k は比例定数）の空気の抵抗力を受ける。質量 4.0×10^{-7} kg の雨粒が一定の速さ 8.0 m/s で落下しているときの k の値を求めよ。

📖 ガイド　雨粒が一定の速さで落下するので，雨粒にはたらく重力の大きさと空気の抵抗力の大きさは等しくなる。

応用問題 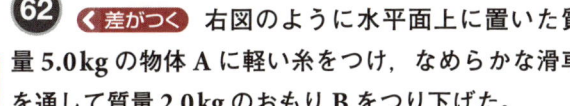 解答 ➡ 別冊 p.14

62 ◀差がつく

右図のように水平面上に置いた質量 5.0 kg の物体 A に軽い糸をつけ，なめらかな滑車を通して質量 2.0 kg のおもり B をつり下げた。

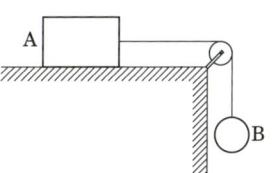

(1) 水平面がなめらかなとき，A，B の加速度と糸の張力の大きさはそれぞれいくらか。

(2) 水平面があらいとき，おもり B の質量を 2.0 kg より大きくしないと物体 A は動かなかった。物体 A と面の間の静止摩擦係数はいくらか。

(3) (2)と同じ水平面で，おもり B の質量を 3.0 kg に変えたところ，物体は等加速度で動いた。動摩擦係数を 0.20 とするとき，物体 A とおもり B の，加速度と糸の張力はそれぞれいくらか。

例題研究 6. なめらかな床の上に，質量 0.70 kg の板 A と質量 0.50 kg の物体 B が重ねて置かれている。板 A と物体 B の間の静止摩擦係数は 0.40，動摩擦係数は 0.25 である。重力加速度の大きさを 9.8 m/s² として，次の問いに答えよ。

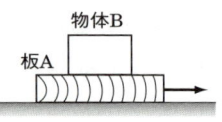

(1) 板 A を水平方向に 3.0 N で引いたとき，板 A と物体 B は一体となって動いた。板と物体の加速度の大きさは何 m/s² か。
(2) (1)のとき板 A と物体 B の摩擦力の大きさは何 N か。
(3) 板に加える力をしだいに大きくしていったところ，物体 B は板 A の上で滑り出した。このとき板 A を引く力の大きさは何 N か。
(4) 物体 B が滑り出す直前の板 A の速さは 2.0 m/s であった。物体が滑り出してからは(3)の力を保って引いたとき，滑り出してから 0.50 s 間に床に対して物体 B が移動した距離は何 m か。ただし，板 A は十分に長く，物体 B はこの間に板 A から落ちないものとする。

着眼 板 A，物体 B それぞれにはたらく力をベクトルで図示する。物体 B には摩擦力 F が進行方向にはたらく。板 A には，摩擦力 F が進行方向と反対にはたらく。

解き方 (1) 板 A と物体 B には図のような力がはたらくので，加速度の大きさを a，板 A と物体 B の間の摩擦力の大きさを F として，板 A と物体 B の水平方向の運動方程式を立てると，

 板 A：$0.70 \times a = 3.0 - F$ …①
 物体 B：$0.50 \times a = F$ …②

① + ② より，$(0.70 + 0.50)a = 3.0$
よって，$a = 2.5 \text{ [m/s}^2\text{]}$

(2) (1)の a の値を②式に代入して，$0.50 \times 2.5 = F$
よって，$F = 1.25 ≒ 1.3 \text{ [N]}$

(3) 物体 B が滑り出す瞬間は，摩擦力は最大摩擦力となり，その大きさ F_0 が，
 $F_0 = 0.40 \times 0.50 \times 9.8 = 1.96 \text{ [N]}$
となる。このときの板 A と物体 B の加速度の大きさを a_1，板 A を引く力の大きさを f とすると，板 A と物体 B の水平方向の運動方程式は

 板 A：$0.70 \times a_1 = f - 1.96$ …③
 物体 B：$0.50 \times a_1 = 1.96$ …④

④より，$a_1 = 3.92 \text{[m/s}^2\text{]}$

これを③に代入して，$0.70 \times 3.92 = f - 1.96$

よって，$f = 4.704 ≒ 4.7 \text{[N]}$

(4) 物体Bが板Aの上で動き出してからは，動摩擦力F'がはたらき，
$F' = 0.25 \times 0.50 \times 9.8 = 1.225 \text{[N]}$
床に対する物体Bの加速度をa_2とすると，水平方向の運動方程式は
物体B：$0.50 \times a_2 = 1.225$　　よって，$a_2 = 2.45 \text{[m/s}^2\text{]}$
求める距離xは，等加速度直線運動の式より，
$x = 2.0 \times 0.50 + \dfrac{1}{2} \times 2.45 \times 0.50^2 ≒ 1.3 \text{[m]}$

答 (1) 2.5m/s^2　(2) 1.3N　(3) 4.7N　(4) 1.3m

63 水平なあらい面ABとなめらかな斜面BCをつなぎ，軽い糸の両端にどちらも質量mの物体をつなぎ，下図のように置いたところ，斜面下向きに物体が動き出した。面ABの動摩擦係数をμ'，重力加速度の大きさをgとする。

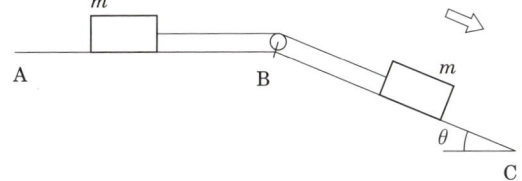

□ (1) 2つの物体の加速度の大きさはいくらか。
□ (2) 糸の張力の大きさはいくらか。

64 ◁差がつく▷ 右図のように，質量Mの箱の中に質量mのおもりが入れてある。このままの状態で落下するとき，次の各場合について，おもりにはたらく垂直抗力の大きさをそれぞれ求めよ。
□ (1) 空気抵抗がなく，箱とおもりが重力加速度gで落下する場合。
□ (2) 箱が大きさFの空気抵抗を受けて落下する場合。
□ (3) 箱の速度が増して，空気抵抗が大きくなり，落下速度が一定になった場合。

9 仕事と力学的エネルギー

テストに出る重要ポイント

- **仕事**…$W = Fs\cos\theta$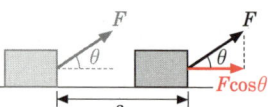
  W：仕事〔J〕，F：力〔N〕，s：距離〔m〕，
  θ：力と移動方向のなす角の大きさ

- **仕事率**…$P = \dfrac{W}{t}$
  P：仕事率〔J/s〕，W：仕事〔J〕，t：時間〔s〕

- **仕事の原理**…道具や機械を使っても，仕事の量は変わらない。

- **運動エネルギー**…$K = \dfrac{1}{2}mv^2$
  K：運動エネルギー〔J〕，m：質量〔kg〕，v：速度〔m/s〕

- **重力による位置エネルギー**…$U = mgh$
  U：位置エネルギー〔J〕，m：質量〔kg〕，h：高さ〔m〕，
  g：重力加速度〔m/s²〕≒ 9.8 m/s²

- **弾性力による位置エネルギー**…$U = \dfrac{1}{2}kx^2$
  U：位置エネルギー〔J〕，k：ばね定数〔N/m〕，x：ばねの伸び〔m〕

- **エネルギーの原理**…物体の運動エネルギーの変化量は，外力が物体にした仕事の大きさに等しい。
  $$\dfrac{1}{2}mv^2 - \dfrac{1}{2}mv_0^2 = W$$

- **力学的エネルギー**…運動エネルギーと位置エネルギーの和

基本問題

解答 → 別冊 p.16

65 仕事

動摩擦係数 0.20 のあらい水平面上に，質量 8.0 kg の物体を置き，40 N の力で水平に引いて 5.0 m 移動させた。次の力が物体にする仕事を求めよ。

- (1) 40 N の力
- (2) 重力
- (3) 垂直抗力
- (4) 動摩擦力

66 仕事 ◀テスト必出

次の力が物体にする仕事を求めよ。重力加速度の大きさは $9.8\,\mathrm{m/s^2}$ とする。

- (1) 物体に $5.0\,\mathrm{N}$ の力を加えて，力の向きに $4.0\,\mathrm{m}$ 移動させる。
- (2) 質量 $2.0\,\mathrm{kg}$ の物体を重力に逆らって上向きに $0.50\,\mathrm{m}$ 持ち上げる。
- (3) 水平面上の物体に水平と $30°$ をなす上向きの方向に $4.0\,\mathrm{N}$ の力を加え，物体を水平に $2.0\,\mathrm{m}$ 移動させる。

67 仕事率 ◀テスト必出

次の各問いに答えよ。

- (1) $300\,\mathrm{kg}$ の物体を 20 秒間で $15\,\mathrm{m}$ 持ち上げることができるクレーンの仕事率を求めよ。
- (2) $2.0\,\mathrm{t}$ のエレベータを $5.0\,\mathrm{m/s}$ で引き上げるときの仕事率を求めよ。
- (3) $100\,\mathrm{W}$ の電球を 24 時間つけるときの仕事は何 kWh か。また何 J か。
  📖ガイド (3) $1\,\mathrm{J}=1\,\mathrm{W}\times1\,\mathrm{s}$ である。

68 仕事の原理 ◀テスト必出

質量 $m\,[\mathrm{kg}]$ の物体を，重力に逆らって傾斜角 θ のなめらかな斜面に沿って高さ $h\,[\mathrm{m}]$ だけ，ゆっくりと持ち上げる。重力加速度の大きさを $g\,[\mathrm{m/s^2}]$ とする。

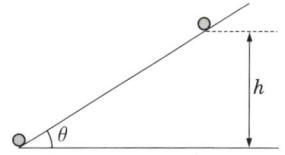

- (1) この物体が外力からされた仕事はいくらか。
- (2) 物体の斜面上での移動距離はいくらか。
- (3) 物体を斜面に沿って持ち上げる力の大きさを求めよ。
  📖ガイド この場合，重力が物体にする仕事は，斜面を使っても，直接(垂直方向に)持ち上げても変わらない。これは仕事の原理による。

69 運動エネルギー ◀テスト必出

次の各問いに答えよ。

- (1) 質量 $60\,\mathrm{kg}$，速さ $30\,\mathrm{m/s}$ の物体のもつ運動エネルギーはいくらか。
- (2) 質量 $2.4\,\mathrm{kg}$ の物体のもつ運動エネルギーが $0.30\,\mathrm{J}$ のとき，この物体の速さを求めよ。

70 弾性力による位置エネルギー ◀テスト必出

右図は，ばねを引く外力 F [N] とばねの伸び x [m] との関係を示している。

- (1) ばね定数を求めよ。
- (2) 0.20 m 伸ばすのに必要な仕事はいくらか。
- (3) ばねの伸びが 0.20 m のときの弾性力による位置エネルギーはいくらか。
- (4) ばねを 0.20 m から 0.40 m に伸ばすとき，外力のする仕事はいくらか。

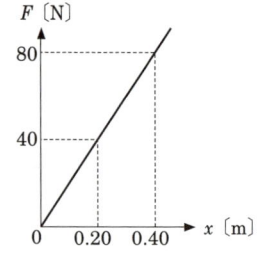

📖 ガイド　外力がする仕事が，ばねの蓄える弾性力による位置エネルギーになる。ばねが自然長から x だけ伸びたときの位置エネルギー（弾性エネルギー）は，F-x 図の直線 $F=kx$ と x 軸ではさまれる三角形の部分の面積で表される。

71 重力による位置エネルギー ◀テスト必出

質量 20 kg の物体 A，質量 5.0 kg の物体 B について，次の問いに答えよ。

- (1) 基準点の上方 10 m の位置にある物体 A の位置エネルギーを求めよ。
- (2) 基準点の下方 5.0 m の位置にある物体 B の位置エネルギーを求めよ。
- (3) (1)の物体 A の位置を基準にすると，(2)の物体 B の位置エネルギーはいくらか。

📖 ガイド　(3) 物体 B の物体 A の位置からの高さは，$-5-10=-15$ [m] となる。

例題研究　7. 静止していた質量 m の物体が，傾斜角 θ のなめらかな斜面上を，距離 l だけ滑りおりた。重力加速度の大きさを g とし，次の問いに答えよ。

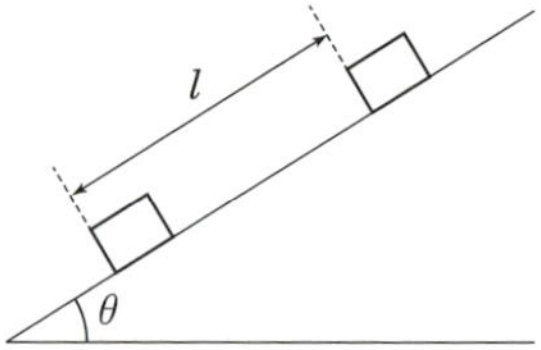

(1) 距離 l だけ滑りおりる間に，物体がされた仕事はいくらか。

(2) 距離 l だけ滑りおりたときの物体の速さはいくらか。

着眼　物体は外力から仕事をされる。物体にはたらくすべての力を求めて仕事を求めればよい。また物体は，された仕事の分だけ運動エネルギーが増加する。

[解き方] (1) 物体にはたらく力は，重力と垂直抗力だけである。垂直抗力は運動方向に垂直にはたらくので，仕事は0である。重力と運動方向とのなす角度は $\frac{\pi}{2} - \theta$ なので，物体のされた仕事 W は

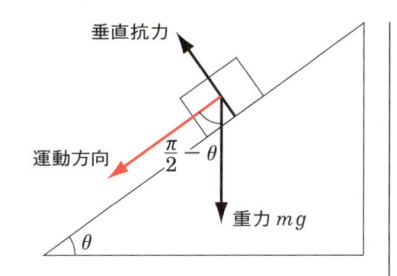

$$W = mg \times l \times \cos\left(\frac{\pi}{2} - \theta\right) = mgl\sin\theta$$

(2) エネルギーの原理より，物体のされた仕事が運動エネルギーの増加となるので，$\frac{1}{2}mv^2 = mgl\sin\theta$ より，$v = \sqrt{2gl\sin\theta}$

[答] (1) $mgl\sin\theta$ (2) $v = \sqrt{2gl\sin\theta}$

□ **72** エネルギーの原理

なめらかな水平面上を運動する速度 3.0 m/s，質量 2.0 kg の物体がある。この物体に，運動と同じ方向に力を加えて 16 J の仕事をした。物体の速度はいくらになるか。

📖 **ガイド** 加えられた仕事の分だけ物体の運動エネルギーは増加する。

応用問題　　　　　　　　　　　　　　　　　　　　　　解答 → 別冊 p.18

73 ◀差がつく▶ 傾斜角 θ で動摩擦係数 μ のあらい斜面上に，質量 m の小物体を置き，高さ h の A 点で離した。物体は斜面上を等加速度運動をし，斜面の最下点 B での速さは v だった。重力加速度の大きさを g とする。

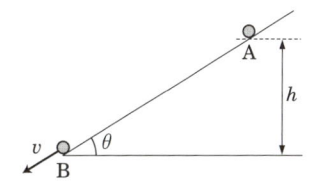

(1) 動摩擦力の大きさを μ を用いて表せ。
(2) B 点を通過するときの物体の速さ v を求めよ。
(3) 物体にはたらく重力，摩擦力，垂直抗力が物体にする仕事は，それぞれいくらか。

📖 **ガイド** (2) 物体が A 点から B 点まで滑るときの距離を x，加速度の大きさを a とすると，$v^2 = 2ax$ が成り立つ。

74 ◀差がつく 傾斜角 θ で動摩擦係数 μ のあらい斜面上に，質量 m [kg] の小物体を置き，離したところ，物体は斜面上を一定の速さ v [m/s] で滑りおりた。動摩擦力のする仕事はすべて熱エネルギーに変わるものとする。重力加速度の大きさを g [m/s²] とする。

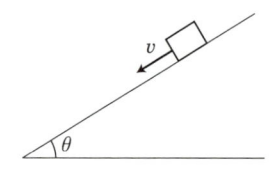

- (1) 動摩擦力のする仕事は毎秒何 J か。μ を用いて表せ。
- (2) 動摩擦係数 μ を求めよ。
- (3) 発生する熱は毎秒何 J か。
- (4) 重力が物体にする仕事は毎秒何 J か。

📖 ガイド　(1) 動摩擦力の大きさを f とすると，動摩擦力のする仕事は，毎秒 fv になる。

75 ◀差がつく 右の図のように，定滑車に質量 m のおもり A，質量 $3m$ のおもり B を軽い糸でつないでつるし，A，B を高さ h の点から離した。おもりは等加速度運動をし，その後 B が地面に衝突した。ただし，糸と滑車の摩擦は考えない。

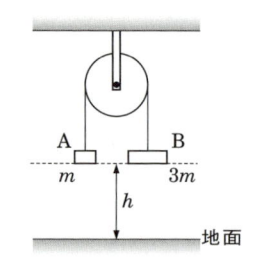

- (1) おもりの加速度の大きさを求めよ。
- (2) おもり B の落下距離を x とするとき，重力が 2 つのおもりにする仕事を求めよ。
- (3) (2) のときおもりの速さ v を，x を含む式で表せ。

📖 ガイド　(1) 張力の大きさを T とし，おもりの運動方向を正として運動方程式を立てる。

76 なめらかな水平面上に置かれたばね定数 32N/m のばねに，質量 0.50kg の物体を押しつけて，ばねを自然長より 0.10m だけ縮め，静かに手を離した。

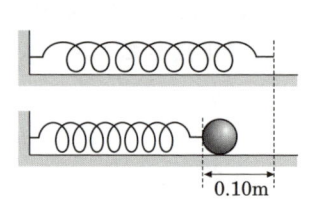

- (1) 手がばねにした仕事はいくらか。
- (2) ばねが自然長になるまでに弾性力のする仕事はいくらか。
- (3) ばねが自然長になるまでに重力のする仕事はいくらか。
- (4) ばねが自然長になるまでに物体のされた仕事はいくらか。

- (5) ばねが自然長になったときの物体の運動エネルギーはいくらか。
- (6) ばねが自然長になったときの物体の速さはいくらか。
  📖ガイド 手がばねにした仕事は，ばねに弾性力の位置エネルギーとして蓄えられる。

77 ばね定数 k の軽いばねを，傾斜角 θ のなめらかな斜面上に置き，上端を固定した。下端に質量 m の物体をつけ，物体を手で支えながらゆっくりと斜面上を滑らせた。手を離したら物体は静止した。重力加速度の大きさを g とする。
- (1) ばねの伸びはいくらか。
- (2) 弾性力による位置エネルギーはいくらか。
- (3) 物体のもつ重力による位置エネルギーはいくら減少したか。

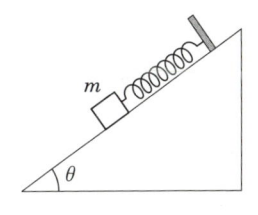

78 ◀差がつく 道路を質量 1.5×10^3 kg の車が，速さ 10 m/s で進んでいる。ブレーキをかけたところ，12 m だけ進んで停止した。
- (1) ブレーキをかける直前に車がもっていた運動エネルギーを求めよ。
- (2) 車が動摩擦力からされた仕事はいくらか。
- (3) ブレーキをかけている間の動摩擦力の大きさを求めよ。
- (4) ブレーキをかける直前の速さが 2 倍のとき，停止距離は何倍になるか。
  📖ガイド (4) 運動エネルギーは，速さの 2 乗に比例する。

79 ◀差がつく 質量 20 g の弾丸を，初速度 400 m/s で木の壁に撃ち込んだところ，弾丸は壁に 16 cm めり込んだ。壁と弾丸の間にはたらく抵抗力は一定とする。
- (1) はじめ，弾丸のもつ運動エネルギーはいくらか。
- (2) 抵抗力が弾丸にした仕事はいくらか。
- (3) 初速度が 200 m/s であるとき，弾丸は壁に何 cm めり込むか。
  📖ガイド (2) エネルギーの原理から考える。

10 力学的エネルギー保存の法則

> **テストに出る重要ポイント**
>
> - **力学的エネルギー保存の法則**…保存力だけが仕事をするとき，位置エネルギーと運動エネルギーの和(**力学的エネルギー**という)は一定になる。
> - **保存力**…力学的エネルギーを変化させない力。重力，弾性力など。保存力だけが仕事をすると，力学的エネルギーは保存される。
> - **保存力以外の力が仕事をする場合**…保存力以外の力(**非保存力**)が仕事をすると，保存力以外の力が仕事をした量だけ力学的エネルギーが増加する。保存力以外の力がした仕事を W，保存力以外の力が仕事をする前の力学的エネルギーを E_0，保存力以外の力が仕事をした後の力学的エネルギーを E とすれば，
>
> $E = E_0 + W$

基本問題 　　　　　　　　　　　　　　　　　　解答 ➡ 別冊 p.20

80 自由落下 ◀テスト必出

地表より高さ $10\,\text{m}$ の点から，質量 $0.20\,\text{kg}$ の物体を自由落下させた。
- (1) 地表を高さの基準点として物体の力学的エネルギーを求めよ。
- (2) 地表に落下する直前の物体の速さを求めよ。

　📖 ガイド　(2) 位置エネルギーが，すべて運動エネルギーに変化したと考える。

81 鉛直投げ上げ ◀テスト必出

質量 $2.0\,\text{kg}$ の物体を，初速度 $14\,\text{m/s}$ で，地表から鉛直上向きに投げ上げた。地表を位置エネルギーの基準点，重力加速度の大きさを $9.8\,\text{m/s}^2$ とする。
- (1) 物体のもつ力学的エネルギーはいくらか。
- (2) 高さ h の点での物体の速さは v であった。このときの力学的エネルギーを物体の質量を m として，h と v を含む式で表せ。
- (3) 最高点の高さ H を求めよ。
- (4) 物体が再び地表に戻ってくるとき，その速さを求めよ。

　📖 ガイド　(3) 最高点での物体の速さは 0 である。

10 力学的エネルギー保存の法則

82 水平投射
初速度 v_0 で高さ H のビルの屋上から質量 m のボールを水平に投げ出した。位置エネルギーの基準点を地表とし，重力加速度の大きさを g とする。
- (1) ボールのもっている力学的エネルギーを求めよ。
- (2) 地表に到達する直前のボールの速さを求めよ。

📖 **ガイド** 力学的エネルギーは，保存されることを用いる。

83 斜方投射 〈テスト必出〉
高さ H のビルの上から，質量 m の物体を初速度 v_0 で，角度 θ の方向に投げ出した。その後物体は地表に到達した。地表を位置エネルギーの基準点とし，重力加速度の大きさを g，物体の高さが h のときの速さを v とする。
- (1) 高さ h での物体の力学的エネルギーを h と v で表せ。
- (2) 地表に到達するときの物体の速さを求めよ。

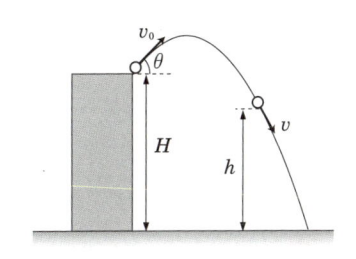

📖 **ガイド** (1) 位置エネルギーと運動エネルギーの和になる。θ の大きさは関係ない。

84 なめらかな面上の運動 〈テスト必出〉
図のように水平面 AB，高さ h の坂 BC，水平面 CD がつながっており，どの面もなめらかである。いま A 点にある水平に固定したばねに質量 m の小球を押しつけ，ばねを x_0 だけ縮めてから手を離したところ，小球は速さ v_1 でばねを離れた。このときのばねの長さは自然長である。また小球は坂を上り CD 上を進んでいった。ばね定数を k とする。
- (1) 手を離す前のばねの弾性力による位置エネルギーを求めよ。
- (2) ばねから離れたときの速さ v_1 を求めよ。
- (3) 小球が点 C を越えて進むには，x_0 はいくらより大きい必要があるか。
- (4) 水平面 CD を小球が速さ v_2 で進むとき，x_0 を求めよ。

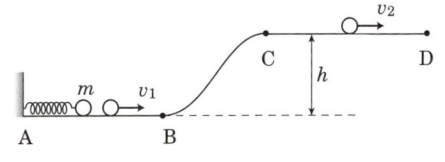

📖 **ガイド** (2) 弾性力による位置エネルギーが，すべて運動エネルギーに変化した。
(4) 手を離す前の弾性力によるエネルギーが保存されている。

85 単振り子 ◀テスト必出

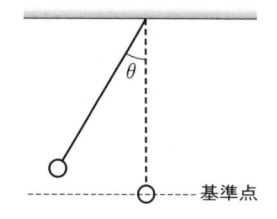

長さ l の軽い糸に，質量 m のおもりをつけて，角度 θ の位置から手を離した。おもりの最下点を位置エネルギーの基準点とし，重力加速度の大きさを g とする。

- (1) おもりのもつ力学的エネルギーを求めよ。
- (2) 最下点でのおもりの速さはいくらか。

　📖 ガイド　(1) おもりの高さは，$l - l\cos\theta$ になる。

86 なめらかな曲線上での運動

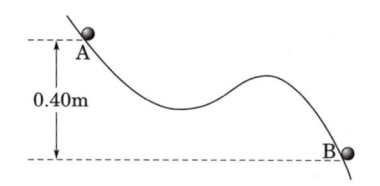

図のように，最初静止していた物体がなめらかな曲線上を A 点から B 点まで滑りおりた。物体の速さはいくらになるか。重力加速度の大きさを $9.8\,\mathrm{m/s^2}$ とする。

87 保存力以外の力が仕事をするときの運動 ◀テスト必出

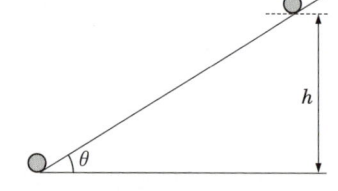

傾斜角 θ の斜面で，高さ h の点から質量 m の小物体を滑らせたところ，最下点まで等加速度運動をした。

- (1) 斜面がなめらかなとき，最下点での物体の速さを求めよ。
- (2) 斜面が動摩擦係数 μ であらいとき，最下点での物体の速さを求めよ。
- (3) (2)で動摩擦力のした仕事はいくらか。

　📖 ガイド　(2) 重力と動摩擦力それぞれのした仕事が，運動エネルギーの変化になる。

88 円運動

点 O から長さ R の糸をつるし，その先に質量 m で，大きさのきわめて小さいおもりをつけた。水平方向に初速度 v_0 をおもりに与えたところ，おもりは半径 R の円運動をした。おもりの最初の位置を位置エネルギーの基準点とする。

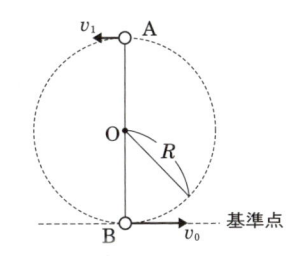

- (1) 最高点 A での力学的エネルギーを求めよ。
- (2) $v_0 = \sqrt{6gR}$ として，A 点でのおもりの速さ v_1 を求めよ。
  📖 **ガイド** 力学的エネルギーが保存されていることを用いる。

89 弾性エネルギー ◁テスト必出

ばね定数 $100\,\text{N/m}$ のばねの一端を壁に固定し，もう一端に質量 $4.0\,\text{kg}$ の物体をつけた。自然長より $0.20\,\text{m}$ ばねを押し縮めてから，手を離した。

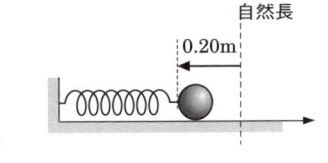

- (1) 手を離す直前にばねに蓄えられている弾性エネルギーはいくらか。
- (2) ばねの伸びが最大となるとき，その伸びはいくらか。
- (3) ばねが自然長になるとき，物体の速さはいくらになるか。
  📖 **ガイド** (2) ばねの伸びが最大のとき，物体の速さは 0 になる。

90 弾性エネルギー

ばね定数 k のばねの一端を壁に，もう一端に質量 m の板を取りつけ，なめらかな水平面上に置いた。これに，質量 M のボールを押しつけ，ばねを自然長より l だけ縮めてから手を離した。

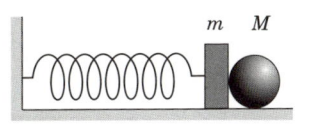

- (1) 板とボールが離れるのは，ばねの伸びがいくらのときか。
- (2) 板とボールが離れた後，ボールの速さはいくらになるか。
- (3) ボールが離れた後，板のついたばねの最大の伸びを求めよ。
  📖 **ガイド** 各状態での力学的エネルギーを考える。

例題研究 **8.** 上端を固定したばねに，質量 m のおもりをつけた。おもりを自然長の位置から静かに下げていくと，伸びが a のときにつり合った。重力加速度の大きさを g，重力による位置エネルギーの基準点を自然長の位置とする。

(1) つり合いの位置での力学的エネルギーを a を使って表せ。
(2) 再び自然長の位置までおもりを持ち上げ，そこで急に手を離したところ，おもりはつり合いの位置を中心に上下に単振動をした。つり合いの位置でのおもりの速さを求めよ。
(3) ばねの伸びは最大いくらか。

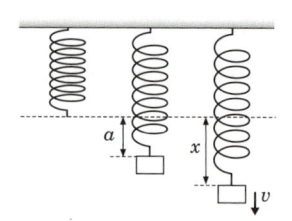

[着眼] ①伸びが x のとき，重力による位置エネルギーは $mg(-x)$
②力学的エネルギー保存の法則を用いる。
$$mg(-x)+\frac{1}{2}mv^2+\frac{1}{2}kx^2=\text{一定}$$

[解き方] (1) まず，ばね定数 k を求める。

$ka = mg$ より，$k = \dfrac{mg}{a}$ である。

よって，
$$mg(-a)+0+\frac{1}{2}ka^2 = -mga+\frac{1}{2}mga = -\frac{1}{2}mga$$

(2) 自然長とつり合いの位置で，力学的エネルギー保存の法則を使って，
$$mg\times 0+\frac{1}{2}m\times 0^2+\frac{1}{2}k\times 0^2 = mg(-a)+\frac{1}{2}mv^2+\frac{1}{2}ka^2$$
$$\frac{1}{2}mv^2 = mga-\frac{1}{2}ka^2 = mga-\frac{1}{2}mga = \frac{1}{2}mga$$

これより，$v = \sqrt{ga}$

(3) ばねの最大の伸びを X とする。このときの速さは 0 だから，
$$mg\times 0+\frac{1}{2}m\times 0^2+\frac{1}{2}k\times 0^2 = mg(-X)+\frac{1}{2}m\times 0^2+\frac{1}{2}kX^2$$

よって，$X = \dfrac{2mg}{k} = 2a$

答 (1) $-\dfrac{1}{2}mga$ (2) $\sqrt{ga}$ (3) $2a$

応用問題

91 地表から質量 m の物体を，図のように角度 θ の方向に，初速度 v_0 で投げ出した。位置エネルギーの基準点を地表とし，重力加速度の大きさを g とする。

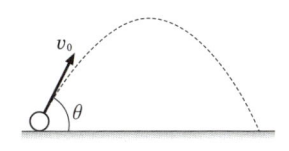

(1) 最高点での物体の力学的エネルギーを求めよ。
(2) 最高点での物体の速さはいくらか。
(3) 最高点の高さを求めよ。

📖 **ガイド** 最高点での水平，鉛直方向の速度成分はいくらか。

92 高さ h の斜面 AB，水平面 BC，傾斜角 $30°$ の斜面 CD がなめらかにつながっている。また，どの面もなめらかである。いま，高さ h の点 A に質量 m の小物体をおいて手を離した。重力加速度の大きさを g とする。

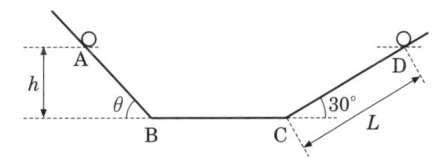

(1) 点 B での物体の速さはいくらか。
(2) 小物体が CD 上を昇るとき，CD 上の移動距離 L を求めよ。
　次に斜面 CD をあらい面に変え同じ操作をした。動摩擦係数を μ として，
(3) 小物体が CD 上を昇るとき，CD 上の移動距離 L' を求めよ。
(4) 摩擦によって失われたエネルギーの値を求めよ。

📖 **ガイド** (3) 運動エネルギーの変化量は，重力と動摩擦力がした仕事に等しい。

93 水平面と θ の角をなすなめらかな斜面の下端に，長さ l，ばね定数 k のばねの一端を固定し，上端に質量 m のおもりをつないだ。重力加速度の大きさを g とする。

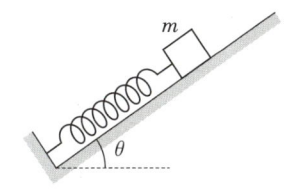

(1) おもりがはじめ静止していたとすれば，ばねの縮んでいる長さはいくらか。
(2) ばねが自然長になるまでおもりを斜面に沿って持ち上げ，静かに手を離した。おもりがつり合いの位置を通過するとき，おもりの速さはいくらか。
(3) おもりがばねを最も縮めたときのばねの長さを求めよ。

📖 **ガイド** 位置エネルギーの基準点は，つり合いのときのおもりの位置にとるとよい。

94 ◀差がつく▶ 傾斜角 30°の斜面上で，質量 2.0 kg の物体に力を加え，最大傾斜の方向に沿って 3.0 m 引き上げたら，速さが 5.0 m/s になった。物体ははじめ静止しており，物体と斜面との動摩擦係数は 0.35 とする。

- (1) 物体が 3.0 m 運動する間に，物体が摩擦力に抗してした仕事 W_1〔J〕を求めよ。
- (2) この間の，物体の力学的エネルギーの増加量 E〔J〕を求めよ。
- (3) 物体に加えた仕事を W_2〔J〕として，W_1，W_2，E の間の関係式を示せ。
- (4) (3)の関係式から，W_2 を求めよ。

　📖 ガイド　(1) 大きさは摩擦力が物体にした仕事に等しい。
　　　　　　(2) 位置エネルギー，運動エネルギーともに変化する。

95 図1のように水平方向に対して 45°の角をなすあらい斜面がある。斜面の下方には，ばね定数 k で質量の無視できるばねが，下端を固定して斜面上に置かれている。斜面上の点Pに，質量 m の小物体を置いて静かに手を離したところ，小物体は斜面を滑り始めた。小物体がばねの上端に接触する斜面上の位置を点Qとし，点Pと点Qの高さの差を h とする。ばねと斜面の間の摩擦はないとし，小物体と斜面の間の動摩擦係数を 0.5，重力加速度の大きさを g とする。下の問いに答えよ。

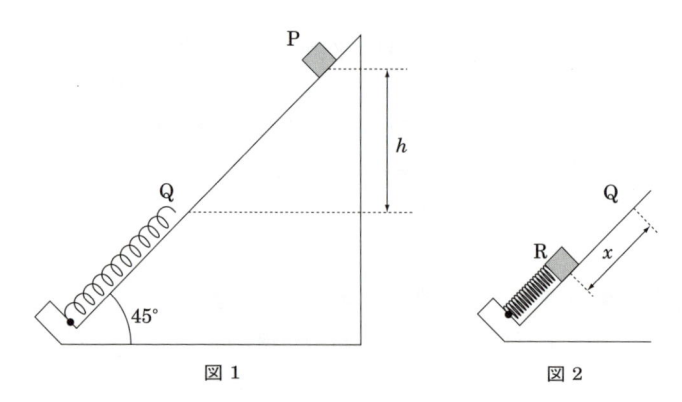

図1　　　　　図2

- (1) 点Qに到達したときの小物体の速さはいくらか。

　ばねと接触した小物体は，ばねを押し縮めながら運動し，図2に示す斜面上の点Rで一瞬静止した。QR 間の距離を x とする。

- (2) 距離 x を m，g，k，h を用いて表せ。

　📖 ガイド　摩擦力のした仕事量だけ，力学的エネルギーが変化する。

11 熱と温度

テストに出る重要ポイント

- **絶対温度**…$T = 273 + t$
  T：絶対温度〔K〕，t：摂氏温度〔℃〕

- **熱量**…熱量の計算は，熱容量，比熱，潜熱によって計算式が異なる。
  $Q = C\Delta t$
  $Q = mc\Delta t$
  $Q = Lm$

  Q：熱量〔J〕， Δt：温度上昇〔K〕
  m：質量〔g〕， c：比熱（物体1gを1K上げる熱量）〔J/(g・K)〕
  C：熱容量（物体を1K上げる熱量）〔J/K〕
  L：潜熱（融解熱，蒸発熱など）〔J/g〕

- **熱量保存の法則**…高温の物体と低温の物体を接触させるとき，
  高温の物体の失った熱量＝低温の物体の得た熱量

- **圧力 p**…力 F〔N〕が断面積 S〔m²〕に加わるとき，$p = \dfrac{F}{S}$〔Pa〕

- **ボイルの法則** 発展 …温度一定，$pV = $ 一定

- **シャルルの法則** 発展 …圧力一定，$\dfrac{V}{T} = $ 一定

- **ボイル・シャルルの法則** 発展 …$\dfrac{pV}{T} = $ 一定

  p：圧力〔Pa〕または〔N/m²〕
  V：体積〔m³〕
  T：絶対温度〔K〕

ボイルの法則
$pV = $ 一定
条件：温度一定

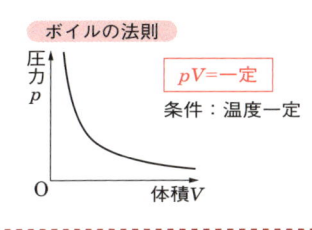

シャルルの法則
$\dfrac{V}{T} = $ 一定
条件：圧力一定

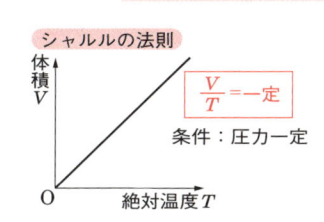

基本問題　　　　　　　　　　解答 → 別冊 p.24

96　比熱と熱量　テスト必出

次の各問いに答えよ。

□ (1) 比熱 0.42 J/(g・K) の物質 100g の温度を，15K 上げるのに必要な熱量を求めよ。

(2) 質量 0.20 kg の物質に 6400 J の熱量を加えたら，温度が 20℃ から 60℃ になった。物質の比熱を求めよ。

(3) 比熱 0.50 J/(g·K) で 15℃ の物体 150 g に熱量 2250 J を加えると，何℃になるか。

(4) 比熱 0.38 J/(g·K) の銅 200 g を 10℃ から 80℃ に上げるための熱量を求めよ。

97 熱容量と熱量

次の各問いに答えよ。

(1) 熱容量 42 J/K の容器の温度を 80 K 上昇させるのに必要な熱量を求めよ。

(2) 比熱 0.46 J/(g·K) の物質 300 g でできた容器の熱容量は何 J/K か。

(3) 温度を 60 K 上げるのに 4200 J 必要な容器の熱容量を求めよ。

(4) 熱容量 42 J/K で 12℃ の容器に 756 J の熱を加える。容器は何℃になるか。

98 比 熱

次の実験を行った。容器の熱容量，金属の比熱をそれぞれ求めよ。

実験1：温度計をさした容器に，比熱 4.2 J/(g·K) の水 100 g を入れて，しばらくしてから温度を測ったところ 15℃ であった。この容器の中に 79℃ の水 50 g を加え，よくかき混ぜたところ，水温は 35℃ に上昇した。

実験2：容器の中に水 200 g を新たに入れ直し，しばらくして水温を測ると 15℃ だった。この水の中に，70℃，質量 100 g の金属を入れてよくかき混ぜながら温度を測定したところ，水温は 20℃ まで上昇した。

📖 ガイド 　実験1から容器の熱容量，実験2から金属の比熱をそれぞれ求める。

99 融解熱 ◀ テスト必出

−10℃ の氷 200 g を 20℃ の水にするために必要な熱量は何 J か。氷の融解熱を 340 J/g，氷および水の比熱をそれぞれ 2.1 J/(g·K)，4.2 J/(g·K) とする。

📖 ガイド 　−10℃ の氷を 0℃ の氷にする熱量，氷の融解熱，0℃ の水を 20℃ の水にする熱量の和となる。

100 圧 力

質量を無視できる，なめらかに動く断面積 0.010 m^2 のピストンの上に，質量 20 kg のおもりを置いた。シリンダー内部の圧力を求めよ。外気圧は 1.01×10^5 Pa とする。

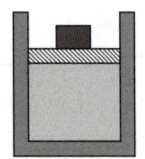

101 ボイルの法則　◀テスト必出　発展

体積 $0.10\,\text{m}^3$，圧力 $1.0\times10^5\,\text{Pa}$ の気体の温度を一定に保ちながら，圧力を $2.0\times10^5\,\text{Pa}$ にするとき，体積はいくらになるか。

102 シャルルの法則　◀テスト必出　発展

断面積 $0.010\,\text{m}^2$ の円筒状容器に，$27\,°\text{C}$ の気体を入れ，なめらかに動くピストンで密閉した。このとき，ピストンは容器の底から $0.40\,\text{m}$ のところにあった。大気圧を $1.0\times10^5\,\text{Pa}$ とする。

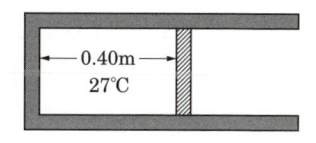

(1) 容器の中の気体の圧力はいくらか。
(2) 気体の温度を $87\,°\text{C}$ にするとピストンは何 m 動くか。

例題研究▶ 9. 発展　シリンダー内に $2.0\times10^{-3}\,\text{m}^3$，圧力 $1.0\times10^5\,\text{Pa}$，温度 $300\,\text{K}$ の一定量の気体が入っている。ピストンを押して，体積を $1.7\times10^{-3}\,\text{m}^3$，圧力を $1.2\times10^5\,\text{Pa}$ にした。このとき，気体の温度は何 K になるか。

[着眼] 温度，圧力，体積が変化するときはボイル・シャルルの法則を使う。

[解き方] 変化後の気体の温度を T とすると，

$$\frac{1.0\times10^5\times2.0\times10^{-3}}{300}=\frac{1.2\times10^5\times1.7\times10^{-3}}{T}$$

これより，$T=306\,[\text{K}]$

答 $306\,\text{K}$

応用問題 …… 解答 ➡ 別冊 p.25

103 ◀差がつく　発展　熱容量 $84\,\text{J/K}$ の容器に温度 $15\,°\text{C}$ の水 $100\,\text{g}$ が入っている。この水の中に，$70\,°\text{C}$，質量 $150\,\text{g}$ の金属球を入れ，水をよくかき混ぜてから水の温度を測ったところ，$20\,°\text{C}$ に上昇していた。

(1) 金属を入れる前の容器，水中に入れた後の金属球それぞれの温度を求めよ。
(2) 水の得た熱量は何 J か。
(3) 金属の比熱は何 $\text{J}/(\text{g}\cdot\text{K})$ か。

104 ◀差がつく [発展] なめらかに動き熱をよく通す壁により，A，B 2つの部分に分けられた容器に気体が入っている。

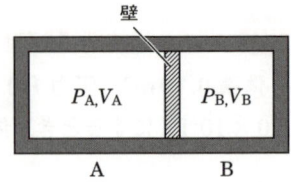

最初，壁は固定されており，A，Bの体積はそれぞれ V_A，V_B，圧力は P_A，P_B で，温度は等しかった。次に，壁を自由に動けるようにすると，しばらくして，容器内の圧力も温度も一様になった。このときのA，Bそれぞれの部分の体積 $V_A{}'$，$V_B{}'$ を求めよ。

📖ガイド　圧力は，A，Bともに等しくなる。

105 容積 $1000\,\mathrm{m}^3$ の熱気球にバーナーで暖めた空気を送り込んで空中に浮上させた。外の気温を0℃，圧力を1013hPa，空気の密度を $1.28\,\mathrm{kg/m}^3$，重力加速度の大きさを $9.8\,\mathrm{m/s}^2$ とする。

(1) 気球にはたらく浮力の大きさを求めよ。

(2) 熱気球の総重量を150kgとして，熱気球が浮上するためには，空気の温度を何℃以上にすればよいか。

📖ガイド　(2) 気球が浮上するためには，気球と気球内の気体の重さの和が，浮力の大きさより小さくなればよい。

106 ◀差がつく [発展] 図のようになめらかに動くピストンで結ばれた容器A，Bが床に固定されている。各容器の中には温度300Kの気体が入っていて，容器AおよびBの気体の体積はそれぞれ $40.0\,\mathrm{m}^3$，$20.0\,\mathrm{m}^3$ であった。

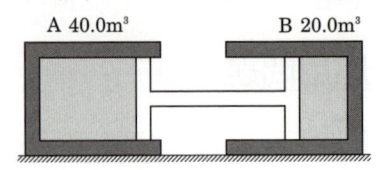

容器Aの温度を一定に保ったまま，容器Bの温度を上昇させたところ，容器A，Bの体積が等しくなった。

(1) 容器Bの圧力は，最初の何倍になったか。

(2) 容器Bの気体の温度は何Kか。

📖ガイド　容器内の気体の体積の和は一定である。

12 仕事と熱

> **テストに出る重要ポイント**

- **気体のする仕事** W' … $W' = p\Delta V$
    - W'：気体が外部にする仕事〔J〕
    - p：一定の圧力〔Pa〕
    - ΔV：体積増加〔m³〕

    膨張では，$\Delta V > 0$ で $W' > 0$
    収縮では，$\Delta V < 0$ で $W' < 0$
    p-V グラフの囲む面積が W' になる。

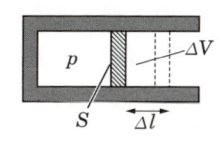

    $W' = F \cdot \Delta l = pS\Delta l = p\Delta V$
    面積＝気体がする仕事 W' 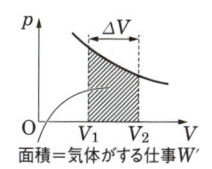

- **外力が気体にする仕事** W …大きさは，気体が外部にする仕事に等しい。
    つまり，$W = -W'$

- **熱力学第1法則** … $\Delta U = Q + W$
    - ΔU：内部エネルギーの増加〔J〕
    - ※温度変化がなければ $\Delta U = 0$
    - W：外力が気体にする仕事（$W = -W'$）
    - Q：外部から気体が得た熱

- ▸ **定積変化**（V は一定）**発展** … $W = 0$，$\Delta U = Q$
- ▸ **定圧変化**（p は一定）**発展** … $W = -p\Delta V$，$\Delta U = Q - p\Delta V$
- ▸ **等温変化**（T は一定）**発展** … $\Delta U = 0$，$0 = Q + W$
- ▸ **断熱変化** **発展** …熱の出入りがないか変化が急激に行われるとき $Q = 0$
    断熱膨張… $\Delta U = W < 0$ よって，温度は急激に低下する。
    断熱圧縮… $\Delta U = W > 0$ よって，温度は急激に上昇する。

- **熱機関の効率** … $e = \dfrac{W}{Q_1} = \dfrac{Q_1 - Q_2}{Q_1}$

    W：熱機関の仕事〔J〕
    Q_1：熱機関が吸収した熱〔J〕
    Q_2：熱機関が放出した熱〔J〕
    熱機関の効率は，必ず100％未満になる。

- **不可逆変化**…外部に何の変化も残さずに元に戻ることができない変化。
    熱が関係する現象はすべて不可逆変化である。

基本問題

107 熱と仕事 〈テスト必出〉

かくはん器，温度計，断熱容器からなる実験容器に水 500g を入れ，質量 100kg のおもりをつり下げた。おもりが下がるとかくはん器が回転し，水温が上昇する。おもりを 2.0m の高さから落とすと，床に着く直前に速さが 4.0m/s になった。重力加速度の大きさを 10m/s^2，水の比熱を 4.2J/(g·K)，実験容器全体の熱容量を 300J/K とする。

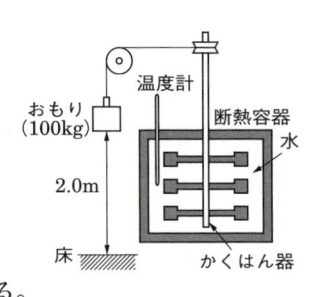

(1) 実験容器と水に与えられた合計の熱量を有効数字 2 桁で求めよ。

(2) この実験で水温は何 K 上昇するか。有効数字 2 桁で求めよ。

108 気体のする仕事

0°C，1.01×10^5Pa で体積が 22.4L の気体を，圧力を一定のまま，加熱したところ，体積が 44.8L になった。気体が外部にした仕事を求めよ。

109 気体のする仕事 〈テスト必出〉

圧力 P_1，体積 V_1 の状態 A から，A → B → C → A の順で気体を変化させた。気体が外部にした仕事および，外部が気体にした仕事を求めよ。

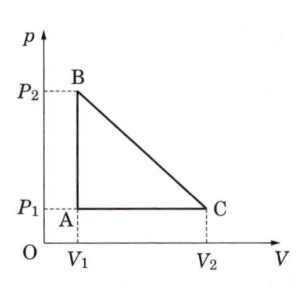

110 熱力学第 1 法則 〈テスト必出〉

気体に加えられた熱量を Q [J]，気体の内部エネルギー増加を ΔU [J]，外部が気体にした仕事を W [J] とする。これらの間の関係は次式で表される。

[①] = [②] + [③]　…熱力学第 1 法則

111 定積変化と熱力学第 1 法則 [発展]

容積 1L の容器に気体を詰め，気体の体積を一定に保ちながら気体に 420J の熱量を与えた。容器の熱容量は無視できるとする。

(1) 気体が外部にした仕事はいくらか。

(2) 気体の内部エネルギーの増加はいくらか。

112 定圧変化と熱力学第1法則 テスト必出 発展

なめらかなピストンのついたシリンダー内に気体が入れてある。この気体に 400J の熱を加えたところ，体積が $1.50 \times 10^{-3} \mathrm{m}^3$ 膨張した。ただし，大気圧を $1.00 \times 10^5 \mathrm{Pa}$ とする。

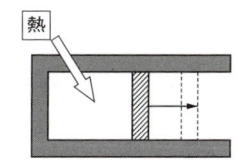

- (1) 気体が外部にした仕事を求めよ。
- (2) 気体の内部エネルギーの増加はいくらか。

📖 ガイド　気体が外部に正の仕事をするとき，外部が気体にする仕事は負になる。

113 断熱変化 発展

外部と熱のやりとりができないシリンダー内に気体を入れ，ピストンを引いて膨張させた。このときピストンを引く力がした仕事は 20J だった。

- (1) 内部エネルギーの変化を求めよ。
- (2) 気体の温度は上昇したか，下降したか。

📖 ガイド　断熱変化では $Q=0$

例題研究 10．なめらかなピストンのついたシリンダー内に気体が入っている。ばね定数 $2.0 \times 10^4 \mathrm{N/m}$ のばねの一端がピストンに，もう一端が壁に取りつけられている。

最初，ばねの長さは自然長であった。気体に 200J の熱を加えたところ，気体が膨張してピストンが 0.050m 移動した。ピストンの断面積を $2.0 \times 10^{-2} \mathrm{m}^2$，外気圧を $1.0 \times 10^5 \mathrm{Pa}$ とする。

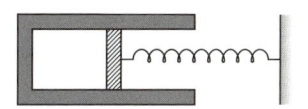

(1) シリンダー内の気体が，ばねにした仕事を求めよ。
(2) シリンダー内の気体が，外の気体を押しのけた仕事を求めよ。
(3) 気体の内部エネルギーの増加量を求めよ。

[着眼] ①熱力学第1法則 $\Delta U = Q + W$ を使う。
②気体が外部にする仕事＝膨張で外気のされた仕事＋ばねがされた仕事

[解き方] (1) ばねがされた仕事はばねの弾性力による位置エネルギーとしてばねに蓄えられている。

$$E = \frac{1}{2}kx^2 = \frac{1}{2} \times 2.0 \times 10^4 \times 0.050^2 = 25 \text{〔J〕}$$

(2) 気体が膨張で外にした仕事は
$W' = p\Delta V = 1.0 \times 10^5 \times (0.050 \times 2.0 \times 10^{-2}) = 100$ 〔J〕
(3) 気体が外部にした仕事は(1)と(2)の和なので，$25 + 100 = 125$ 〔J〕
熱力学第1法則より，$\Delta U = Q - W' = 200 - 125 = 75$ 〔J〕

答 (1) 25 J　　(2) 100 J　　(3) 75 J

114 摩擦熱　◀テスト必出

速さ 20 m/s，質量 1.5×10^3 kg の車がブレーキをかけて静止した。車の運動エネルギーがすべて摩擦熱になったとして，発生した熱量を求めよ。

115 熱効率　◀テスト必出

毎秒 5.0×10^5 J の熱を高熱源から吸収し，1.4×10^5 J の仕事ができる熱機関がある。毎秒あたりの低熱源への熱の放出量と熱機関の熱効率を求めよ。

例題研究 11. 角度 θ のあらい斜面上に，質量 m 〔kg〕の物体を置いた。物体は斜面上を距離 l 〔m〕だけ滑りおりたとき，速さが v 〔m/s〕になった。重力加速度の大きさを g 〔m/s²〕，物体の比熱を c 〔J/(g·K)〕とする。

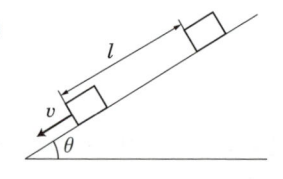

(1) 摩擦力に抗して物体がした仕事がすべて摩擦熱になるとして，摩擦熱を求めよ。
(2) 摩擦熱がすべて物体の温度上昇に使われたとして，何度上昇したか。

[着眼] 物体が斜面を滑りおりるとき，摩擦力に逆らって仕事をする。この分だけ力学的エネルギーが減り熱に変わる。

[解き方] (1) 斜面を l 〔m〕滑ると，高さは $l\sin\theta$ 〔m〕減り，位置エネルギーは $mgl\sin\theta$ 〔J〕減る。摩擦熱を Q 〔J〕とすると，エネルギー保存の法則より
$$mgl\sin\theta = Q + \frac{1}{2}mv^2 \quad \text{よって，} Q = mgl\sin\theta - \frac{1}{2}mv^2$$

(2) 物体の温度上昇を ΔT 〔℃〕とすると，
$$mgl\sin\theta - \frac{1}{2}mv^2 = 1000\,m \times c \times \Delta T \quad \text{よって，} \Delta T = \frac{2gl\sin\theta - v^2}{2000\,c}$$

答 (1) $mgl\sin\theta - \frac{1}{2}mv^2$ 〔J〕　(2) $\dfrac{2gl\sin\theta - v^2}{2000\,c}$ 〔℃〕

応用問題

116 [発展] 一定量の理想気体が図のように状態Aから出発して，A→B→Cと変化した。状態Aの温度はT〔K〕だった。
- (1) 状態Cの温度を求めよ。
- (2) A→B→Cの過程で気体が外部にした仕事を求めよ。

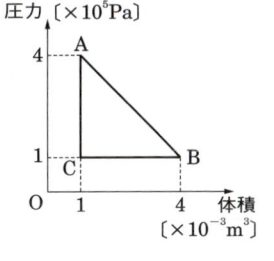

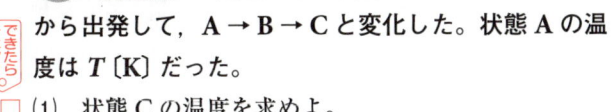

📖ガイド　(1) ボイル・シャルルの法則で考える。
(2) A→B, B→Cでの仕事はそれぞれ，グラフと体積を表す横軸とにはさまれる部分の面積で表される。

117 ◀差がつく [発展] なめらかに動くピストンをもつ容器に一定量の気体を入れて，加熱または冷却しながらピストンを動かし，図のA→B→C→Aの順で変化させた。A→Bは等温変化で気体は外部から熱量Qを吸収した。 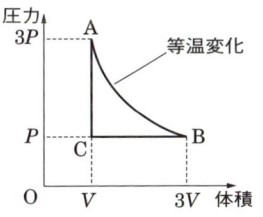
- (1) A→Bの変化で気体の内部エネルギー変化を求めよ。
- (2) A→Bの変化で気体が外部にする仕事はいくらか。
- (3) A→B→C→Aの変化で気体が外部にした仕事を求めよ。

📖ガイド　等温変化では$\Delta U = 0$となる。

118 ◀差がつく [発展] 一定量の気体を状態Aからはじめて，A→B→C→D→Aの順でゆっくりと変化させた。状態Aでの温度は300Kであり，B→Cは等温変化である。絶対温度をT, 圧力をp, 体積をVで表す。 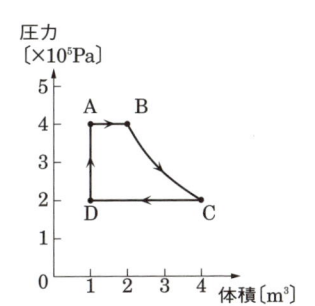
- (1) A→Bの変化でTとVの関係を式で表せ。
- (2) 状態Bでの温度は何Kか。
- (3) B→Cの変化でpとVの関係を式で表せ。
- (4) 状態Dでの温度は何Kか。

📖ガイド　圧力一定（定圧変化）ではシャルルの法則が，温度一定（等温変化）ではボイルの法則が使える。

119 [発展] なめらかに動くピストンからなる断熱容器がある。シリンダー内にはヒーターが，ピストンにはばねが取りつけてある。最初，シリンダー内とばねの長さはともに l_0 で，ばねは自然長であった。シリンダーの断面積を S，大気圧を P_0，室温を絶対温度 T_0 とする。

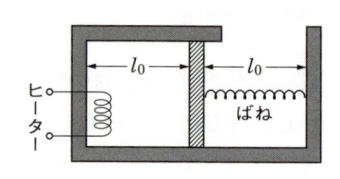

(1) ヒーターで容器内の気体を暖めて膨張させた。容器内の圧力が $\dfrac{10}{9}P_0$ となったとき，ばねの長さは $\dfrac{7}{8}l_0$ となった。ばね定数は $\dfrac{P_0S}{l_0}$ の何倍か。

(2) (1)で容器内の気体の絶対温度は，T_0 の何倍か。

(3) (1)の過程で，容器内の気体が，外部（大気とばね）に対してする仕事は P_0Sl_0 の何倍か。

📖 ガイド　(3) ばねにした仕事は弾性エネルギーとして蓄えられる。

120 ◀差がつく [発展] 状態 A から，断熱変化をさせた場合と等温変化をさせた場合について，圧力 p と体積 V の関係をグラフにしたら図のようになった。断熱変化をしているのはグラフの(ア)，(イ)どちらか。

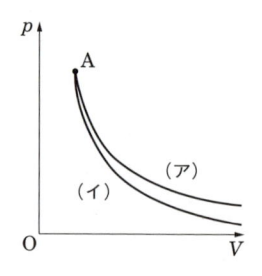

📖 ガイド　この場合，気体が外部に正の仕事をするので，断熱変化では体積が膨張し，温度が下がる。

121 100 km/h で車を走らせるとき，出力 50 kW のエンジンをもつ車がある。100 km/h で1時間走るとき，エンジンが消費する燃料は何 L か。エンジンの熱効率を 40 %，ガソリン 1 L あたりの熱量を 5.0×10^7 J とする。

📖 ガイド　発生する熱量の 40 % がエンジンの出力になる。

122 ◀差がつく 20 g の銅でできた弾丸が，速さ 40 m/s で 0 ℃ の雪の中に打ち込まれて静止した。何 g の雪が融けるか。氷の融解熱を 340 J/g，銅の比熱を 0.38 J/(g·K)，弾丸が雪に当たるときの温度を 200 ℃ とし，弾丸の運動エネルギーがすべて雪に与えられたとして計算せよ。

📖 ガイド　弾丸の熱量＋運動エネルギーが氷の融解熱となる。

13 波の表し方

テストに出る重要ポイント

- **波の基本量**
  ① 山，谷…変位の最も大きいところ
  ② 波長…隣り合う山から山（谷から谷）の間隔（波1つ分の長さ）
  ③ 振幅…山の高さ，あるいは谷の深さ
  ④ 周期…媒質が1回振動する時間
  ⑤ 振動数…1秒間あたりに振動する回数

- **波の要素と伝わる速さ**…波は，媒質が1回振動すると1波長進む。つまり，1周期 T の間に1波長 λ だけ進むから，波の伝わる速さ v は，

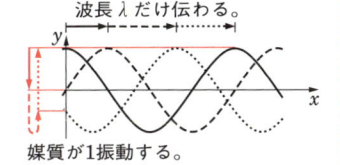

$$v = \frac{\lambda}{T} = f\lambda \quad (f は振動数)$$

波長 λ だけ伝わる。
媒質が1振動する。

- **横波と縦波**
  ① 横波…波の伝わる方向が媒質の**振動方向と垂直**である波。
  ② 縦波…波の伝わる方向が媒質の**振動方向と同じ**波。**疎密波**ともいう。
  ③ 縦波のグラフ…波の伝わる方向を横軸（x 軸）に，変位を縦軸（y 軸）にとってグラフにする。

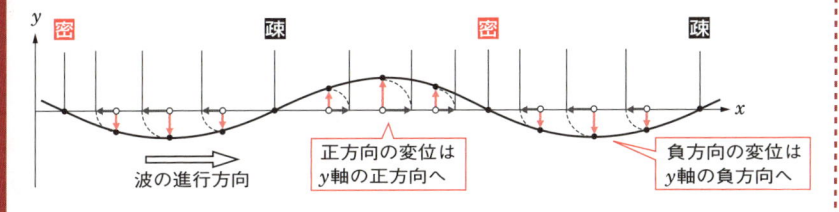

密　疎　密　疎
波の進行方向
正方向の変位は y 軸の正方向へ
負方向の変位は y 軸の負方向へ

基本問題　　　　　　　　　　　　　　　解答 ➡ 別冊 p.30

☐ **123** 波の要素，速さ

x 軸の正の向きに伝わる波がある。はじめ，次の図の実線で示された波が，はじめて点線で示された波になるまでに，0.25秒かかった。この波の振幅，波長，伝わる速さ，振動数，周期はそれぞれいくらか。

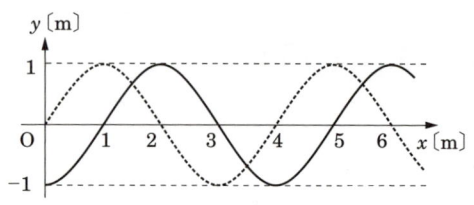

ガイド 0.25秒で波が伝わる距離を図から読み取り，$v=f\lambda$，$T=\dfrac{1}{f}$ の公式を使う。

124 横波

図は，時刻 $t=0\,\mathrm{s}$ における波形を表している。波は x 軸の正の方向に速さ $2.0\,\mathrm{m/s}$ で伝わるとして，以下の問いに答えよ。ただし，図中の数値の単位はmである。

(1) 波の振幅，波長，振動数，周期はそれぞれいくらか。

(2) 時刻 $t=3.0\,\mathrm{s}$ における波形を右図に記せ。

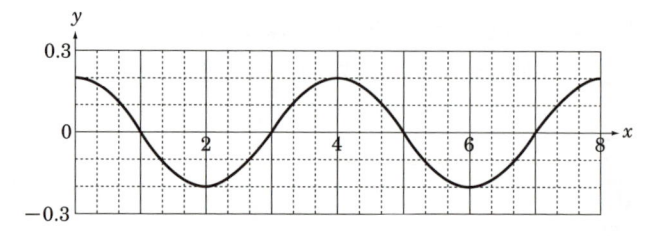

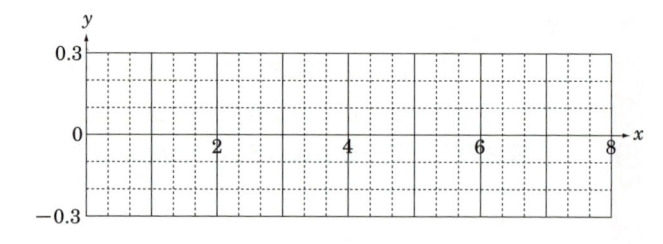

125 縦波

図は，ばねのリングの振動が，縦波として x 軸の正方向に伝わるようすのある瞬間を，模式的に表したものである。実線がリングの位置を，破線がリングの振動の中心の位置を表し，矢印がリングの変位を表している。この縦波を，横波のようなグラフとして表せ。

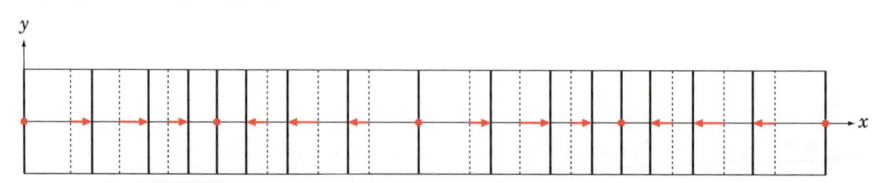

ガイド x 軸の正方向の変位は y 軸の正方向に，x 軸の負方向の変位は y 軸の負方向にかき直し，矢印の先端をなめらかな曲線で結ぶ。

応用問題

126 x 軸上を速さ $2.0\,\mathrm{m/s}$ で正方向に進む波がある。図は原点 $x=0\,\mathrm{m}$ における媒質の変位 y の時間的変化を示したものである。次の問いに答えよ。

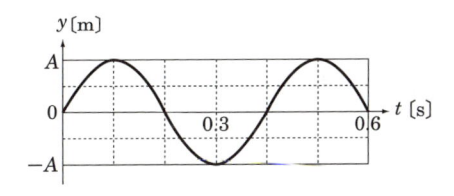

- (1) 時刻 $t=0\,\mathrm{s}$ での波形を下図に記せ。
- (2) 位置 $x=1.0\,\mathrm{m}$ における媒質の変位 y の時間的変化を示すグラフを下図に記せ。
- (3) 時刻 $t=1.0\,\mathrm{s}$ での波形を下図に記せ。

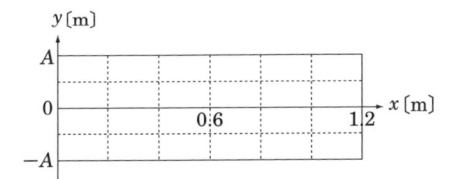

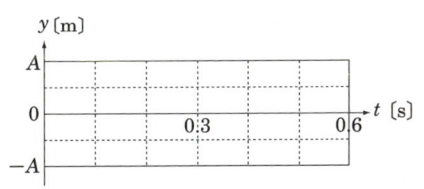

127 図は、x 軸の正の向きに一定の速さ v で伝わる縦波を横波のように表しているものである。この波の波長を λ、振幅を A とする。いま、時刻 $t=0$ に、媒質の各点について図のような変位が観測できたとして、以下の問いに答えよ。

- (1) 媒質の振動の周期を求めよ。
- (2) 時刻 $t=0$ において、図中の位置 a から i のうち最も密な点をすべてあげよ。 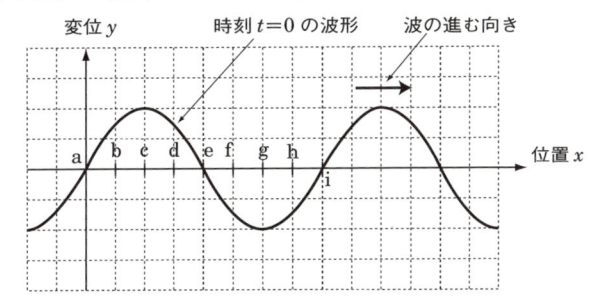
- (3) 時刻 $t=0$ において、図中の位置 a から i のうち最も疎な点をすべてあげよ。
- (4) 時刻 $t=0$ において、図中の位置 a から i のうち媒質の振動の速さが 0 になる点をすべてあげよ。
- (5) 時刻 $t=0$ において、図中の位置 a から i のうち媒質の振動の速さが正の向きに最大になる点をすべてあげよ。

14 重ね合わせの原理・定常波

テストに出る重要ポイント

- **重ね合わせの原理**
  合成波の変位：$y = y_1 + y_2$

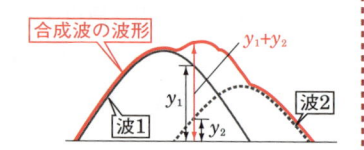

- **波の干渉**…2つの波が重なり合って，互いに強め合ったり弱め合ったりする現象。

  ① **2つの波源が同じ位相で振動する場合**

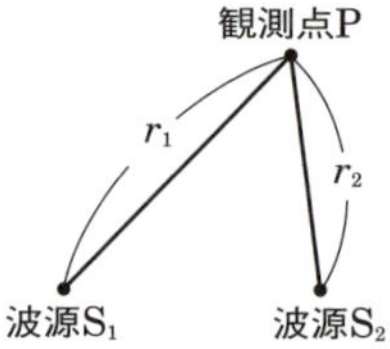

  $$|r_1 - r_2| = 2m \cdot \frac{\lambda}{2} \quad (m = 0, 1, 2, \cdots)$$

  のときに2つの波は互いに**強め合う**。

  $$|r_1 - r_2| = (2m+1) \cdot \frac{\lambda}{2} \quad (m = 0, 1, 2, \cdots)$$

  のときに2つの波は互いに**弱め合う**。

  ② **2つの波源がπの位相差で振動**…強弱が①の場合の逆になる。

- **定常波**…振幅・波長・振動数の等しい2つの波が，同じ媒質中を互いに逆向きに進んで重なり合うときにできる波。隣り合う節と節（腹と腹）の間隔は，**波長の$\frac{1}{2}$**になる。

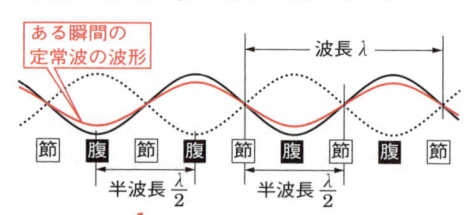

基本問題

解答 ➡ 別冊 p.31

128 波の合成 ◀テスト必出

図のように，同じ媒質中を振幅，波長，振動数の等しい2つの正弦波が，互いに反対方向に進んでいき，点Oで出会った。

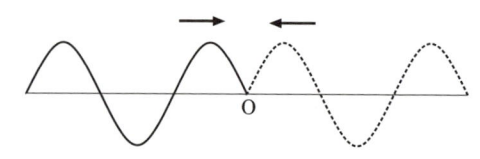

この波の周期をT，この図の状態を$t = 0$として，$t = \frac{1}{4}T, \frac{2}{4}T, \frac{3}{4}T$の合成波をそれぞれ作図せよ。

📖 **ガイド** 周期Tの時間で，波は1波長分伝わる。

14 重ね合わせの原理・定常波

129 重ね合わせの原理

次の(1), (2)のそれぞれの場合の, A, B 2つの波の合成波の波形を図中にかきこめ。

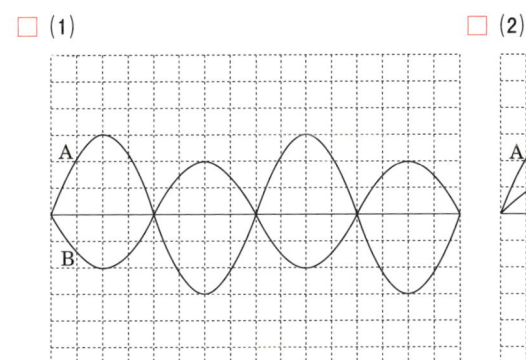

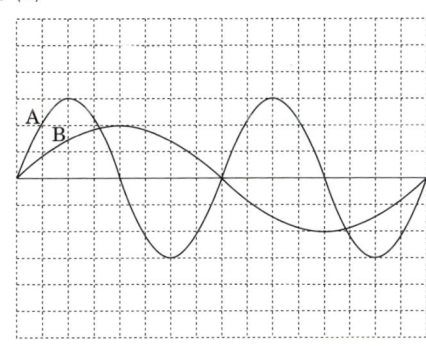

□ (1)

□ (2)

ガイド 各波の振動の中心より上に変化している場合を+(正), 下に変化している場合を-(負)として重ね合わせの原理を使う。

例題研究 12. [発展] 深さが一様な水槽で, 水面の2点 E, G をたたき, 波長 λ [m] の2つの波をつくった。図は, 2つの波源 E, G から出た後の, ある時刻での山(実線)と谷(点線)の位置である。

(1) 図中の点 P_1, P_2, P_3 では, 2つの波源から出た波が合成された結果は, それぞれどうなっているか。山, 谷, 節より選んで答えよ。

(2) 点 E, G から各点 P_1, P_2, P_3 までの経路差 $EP_1 - GP_1$, $EP_2 - GP_2$, $EP_3 - GP_3$ を, 波長 λ を用いて表せ。

(3) 合成波の節となる1点を P とする。経路差 $EP - GP$ と波長 λ の関係を m を整数として表せ。

(4) 線分 EG を横切り, 波源 E の最も近くを通る節を連ねた線を図にかけ。

[着眼] 山と山, 谷と谷が重なると, 波は強め合う。山と谷が重なると打ち消し合い, 波が消える。隣どうしの実線と点線の間隔が $\dfrac{\lambda}{2}$ である。

[解き方] (1) P_1 は谷と谷が重なっているので谷，P_2 は山と山が重なっているので山，P_3 は山と谷が重なっているので節となる。

(2) 実線と点線の間隔を数えて，

$$EP_1 - GP_1 = \frac{5\lambda}{2} - \frac{9\lambda}{2} = -2\lambda \qquad EP_2 - GP_2 = \frac{8\lambda}{2} - \frac{4\lambda}{2} = 2\lambda$$

$$EP_3 - GP_3 = \frac{7\lambda}{2} - \frac{8\lambda}{2} = -\frac{\lambda}{2}$$

(3) 節は，EからのとGからの波の，山と谷が重なる場所にできる。経路差 EP − GP は半波長の奇数倍になるから，

$$EP - GP = (2m - 1) \cdot \frac{\lambda}{2}$$

(4) (3)の $m = -3$ の点を連ねた線である。

[答] (1) P_1：谷，P_2：山，P_3：節
(2) $EP_1 - GP_1 = -2\lambda$
$EP_2 - GP_2 = 2\lambda$
$EP_3 - GP_3 = -\frac{\lambda}{2}$
(3) $EP - GP = (2m - 1) \cdot \frac{\lambda}{2}$
(4) 右図

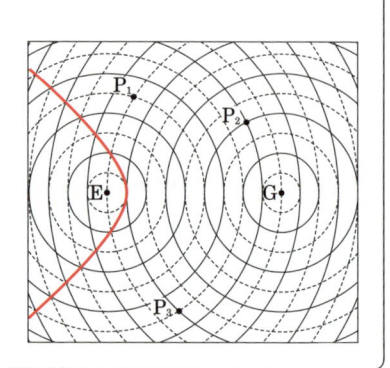

応用問題

解答 → 別冊 p.32

130 ＜差がつく＞ 次の文を読み，あとの問いに答えよ。

図のように，原点を通る y 軸について対称な形の2つの三角形のパルス波が，一様な媒質中を反対向きに速さ $v = 1.0\,\text{m/s}$ で伝播している。2つのパルス波が $x = 0\,\text{m}$ で重なり始める時刻を $t = 0\,\text{s}$ とする。三角波の山の頂点どうしが重なり合うのは $t = \boxed{①}$ s のときであり，2つのパルス波の通り抜けが完了するのは $t = \boxed{②}$ s のときである。通り抜けた後は他方の波の影響は受けず，重なり合う前と同じ波形，速さおよび向きで遠ざかっていく。この性質を波の独立性という。

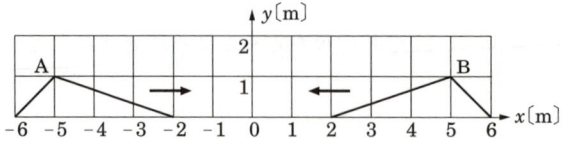

14 重ね合わせの原理・定常波 63

- (1) 文中の空所 ① ， ② にあてはまる数値を，有効数字1桁で記せ。
- (2) 2つの三角形の山の頂点どうしが重なり合うときの波の変位 y を，x の関数としてグラフに表せ。
- (3) $x = 0$ m での変位 y を，$t = 0$ s から通り抜けが完了するまで，t の関数としてグラフに表せ。

   ガイド (2) 山の頂点どうしが重なり合ったときの変位は，重ね合わせの原理を用いて求めればよい。
   (3) $0 \leq t \leq 3$ と $3 \leq t \leq 4$ の場合に分けて考える。

131 6.0 cm 離れた2つの波源 A，B があり，それぞれの波源から他方の波源に向かって周期 2.0 s，振幅 1.0 cm の正弦波が出ている。波源 A と B は同位相で振動している。図は A および B から生じた波のある時刻でのようすであり，A から生じた波は実線で，B から生じた波は点線で示されている。図の x 軸の値は位置を表し，y 軸の値は変位を表している。波源 A の位置は $x = 0$ cm であり，波源 B の位置は $x = 6.0$ cm である。

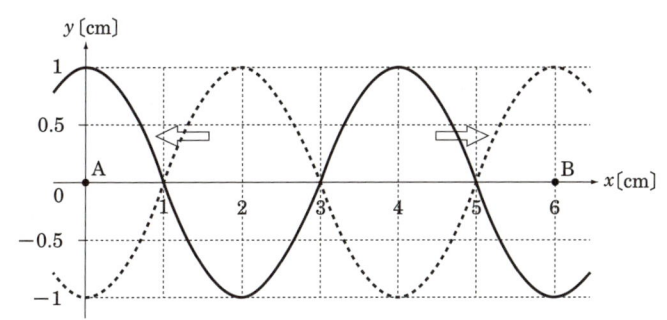

以下の問いに答えよ。
- (1) 図に示されたように，A および B から生じた波は同じ波長の正弦波となっている。その波長は何 cm か。
- (2) A および B から生じた波は同じ速さで逆向きに進んでいる。その速さは何 cm/s か。
- (3) A から生じた波と B から生じた波による合成波は定常波になる。
  $x = 1.0,\ 2.0,\ 3.0,\ 4.0,\ 5.0$ cm の各位置のうち，節になる位置をすべて示せ。

15 波の反射と屈折

テストに出る重要ポイント

- **反射波の位相**…波が反射するとき位相が変わることがある。
  ① **自由端反射**…入射波が山(谷)のとき,反射波は山(谷)になる。自由端では,入射波の位相と反射波の位相は等しい。
  ② **固定端反射**…入射波が山(谷)のとき,反射波は谷(山)になる。このように,固定端では,入射波の位相と反射波の位相がつねに π だけずれる。

- **反射の法則** 発展 …入射角 i と反射角 j において,
  $$i = j$$

- **屈折の法則** 発展 …波が媒質Ⅰと媒質Ⅱを通過するときの速さと波長をそれぞれ v_1, v_2 および λ_1, λ_2 とすると,入射角 i と屈折角 r に関して,次の関係式が成り立つ。
  $$\frac{\sin i}{\sin r} = \frac{v_1}{v_2} = \frac{\lambda_1}{\lambda_2} = n$$

  n を媒質Ⅰに対する媒質Ⅱの**屈折率**という。

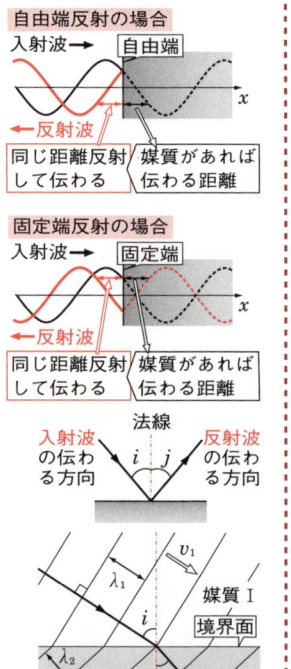

基本問題

解答 ➡ 別冊 p.33

□ **132 自由端反射と固定端反射**

次の図のような波が右向きに $10\,\text{cm/s}$ の速さで進み,O点で反射する。自由端で反射する場合と固定端で反射する場合のそれぞれについて,4秒後の反射波の波形を点線で示せ。また,そのときに観測される波の波形を一点鎖線で示せ。

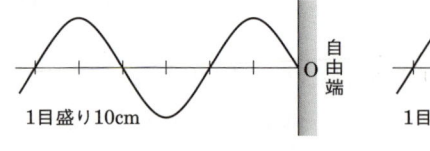

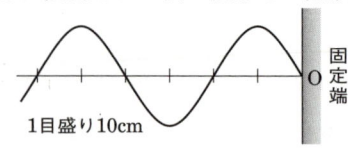

(1目盛り10cm)

15 波の反射と屈折

📖 **ガイド** 反射波を作図する場合は，媒質がない部分まで波が伝わるものとして作図し，自由端の場合は自由端に対して線対称になるように作図する。固定端の場合は，固定端の右側の部分の波を上下逆さにした波を考え，それを固定端に対して線対称になるように作図する。

☐ **133** 波の反射 【発展】

反射面 PQ に向かって入射する平面波がある。図の実線は，この波のある瞬間における入射波の山の波面を示している。この瞬間のこの波の反射波の進行方向と反射波の山の波面をかけ。

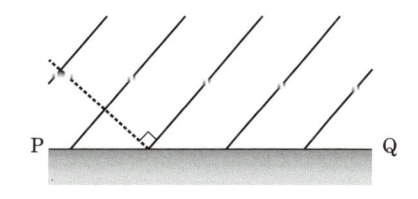

ただし，入射波の位相と反射波の位相は変わらないものとする。

📖 **ガイド** 図中の波面を表す直線（実線）と，波の進行方向を表す直線（点線）を混同しないように注意する。波の進行方向は波面に垂直である。

応用問題 ……………………………………………… 解答 ⇒ 別冊 p.33

☐ **134** 次の文の □ には適するものを入れ，{ }からは適するものを選べ。また，あとの問いにも答えよ。

平面波が固定端で反射する場合には，固定端での媒質の変位はつねに ① であるから，固定端での反射波は入射波に対して{② 同，逆}位相の波となることがわかる。自由端の場合には，自由端での反射波は入射波に対して{③ 同，逆}位相で反射する。入射波と反射波が重なり合った合成波は，どちらにも進まない ④ となる。固定端反射における固定端は ④ の{⑤ 腹，節}になり，自由端反射における自由端は{⑥ 腹，節}になる。腹から腹までの距離，あるいは節から節までの距離は波長の ⑦ 倍である。

【問】 図は，x 軸の正の向きに進む振幅 A の連続した正弦波が自由端に達したときのようすを示している。この正弦波は順次反射して ④ をつくるが，この ④ の最大振幅を求めよ。

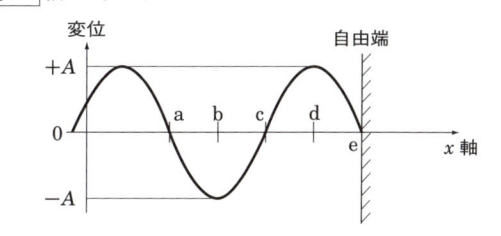

また，この ④ の節はどこにできるか，図中の記号 a, b, c, d, e で答えよ。

135 次の文を読んで，□に適する数値を記入せよ。また，あとの(1)〜(4)に答えよ。

x 軸上の原点に波源があり，x 軸の正の向きに進む振動数 1 Hz の正弦波を時刻 $t = 0$ s から連続的に出している。ただし，波源は，$t < 0$ s では正弦波を出していなかった。図は，時刻 $t = 0$ s に波源を出た正弦波の先端が，$x = 1$ m の位置 A に達したときの波形であり，図中の y 軸は媒質の変位を表している。また，$x = 2$ m の位置 B は固定端である。波源から出る波の振幅は □ア□ m，波長は □イ□ m，周期は □ウ□ s，速さは □エ□ m/s である。

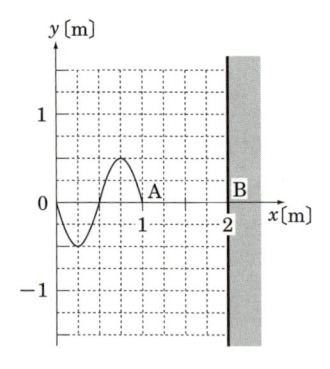

- (1) 時刻 $t = 1.5$ s に観測される波形を右図に描け。
- (2) 位置 A における変位 y〔m〕と時刻 t〔s〕の関係を表すグラフを $0\,\text{s} \leq t \leq 3\,\text{s}$ の範囲で下図に描け。 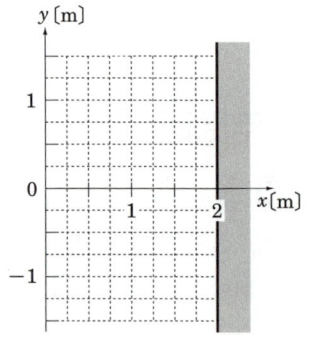
- (3) 時刻 $t = 4$ s に観測される波形を下図に描け。
- (4) $t > 0$ s で，$0\,\text{m} \leq x \leq 2\,\text{m}$ におけるすべての位置の変位 y が 0 m となる，はじめての時刻を求めよ。

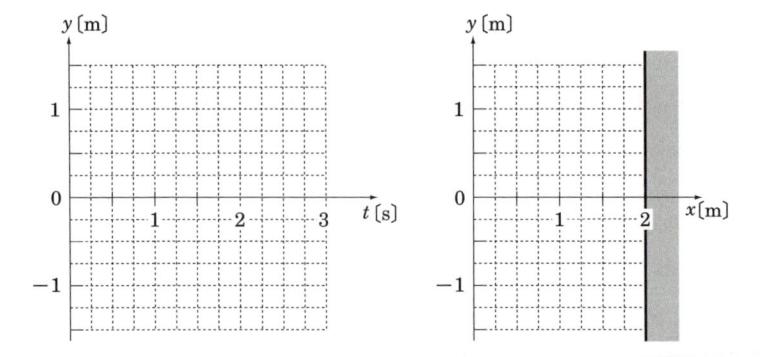

136 発展 水の波の速さは，水の深さが増すほど速くなる。図は，PQ を境に深さが異なる 2 つの領域（領域 I，領域 II）をもつ水槽において，領域 I で平面波をつくり，水の表面を伝わる波の山（波面）のようすを描いたものである。波が領域 I から領域 II に進むとき，次の(1)〜(3)について｛ ｝から選択して答えよ。

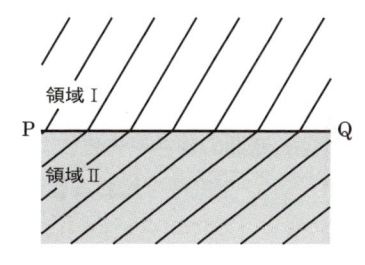

- (1) 波長は ｛① 変化しない，② 長くなる，③ 短くなる｝。
- (2) 振動数は ｛① 変化しない，② 大きくなる，③ 小さくなる｝。
- (3) 波の速さは ｛① 変化しない，② 大きくなる，③ 小さくなる｝。

137 差がつく 発展 右の図に示すように，媒質 I と媒質 II の境界面で波が屈折した。次の各問いに答えよ。

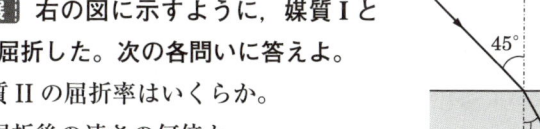

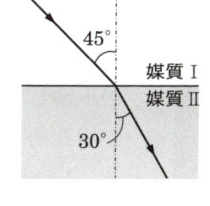

- (1) 媒質 I に対する媒質 II の屈折率はいくらか。
- (2) 入射波の速さは，屈折後の速さの何倍か。

  ガイド (1) 屈折の法則 $\dfrac{\sin i}{\sin r} = n$ を用いる。

  (2) 媒質 I に対する媒質 II の相対屈折率 n_{12} は，$n_{12} = \dfrac{v_1}{v_2}$

138 発展 領域 A から B へ波が伝わっている。その波面は，右図のように，直線 XY を境にして，この直線との傾きが 45° から 60° に変わっている。直線 XY に対し，A の領域を進む波の速さは 10 m/s で，波長は 1.0 m であるとき，次の各問いに答えよ。

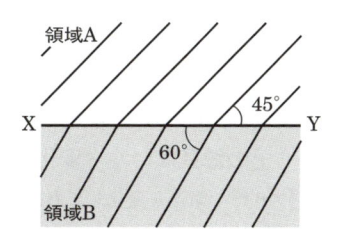

- (1) A の領域と B の領域で進む波の方向を，それぞれ図に矢印でかきこめ。
- (2) このときの屈折率はいくらか。
- (3) B の領域における波の速さは何 m/s か。
- (4) B の領域における波の波長は何 m か。
- (5) B の領域における波の振動数は何 Hz か。

  ガイド (2) 境界面と波面とのなす角 45° が入射角，60° が屈折角になる。

16 音波

> **テストに出る重要ポイント**
>
> - 音波の速さ…媒質によって異なる。
>   ① 空気中を伝わる音波の速さ
> $V = 331.5 + 0.6t$ （V：音波の速さ[m/s], t：気温[℃]）
>   ② 水中（23〜27℃）での音速…1500 m/s
>
> - 音の干渉 [発展]
>   ① 強め合う場合
> $|r_1 - r_2| = 2m \cdot \dfrac{\lambda}{2}$ （$m = 0, 1, 2, \cdots$）
>   ② 弱め合う場合
> $|r_1 - r_2| = (2m + 1) \cdot \dfrac{\lambda}{2}$ （$m = 0, 1, 2, \cdots$）
>
> - うなり…振動数がわずかに異なる2つの音波が干渉して，音の強さが周期的に変化する現象。1秒間のうなりの回数は，$f = |f_A - f_B|$

基本問題

解答 → 別冊 p.35

139 音の伝わる速さ ◀テスト必出

振動数 400 Hz の音波が，室温 20℃ の部屋の中から気温 0℃ の戸外に出たとき，その波長はいくら変化するか。

📖 ガイド　気温が変化しても振動数は変化しない。

140 音の干渉 [発展]

図のように，**2.5 m** 離して置かれたスピーカーA，Bから，同じ振動数で波長 **1.0 m** の同位相の音波が出ている。Aから **6.0 m** 離れたP点で観測される音の強さについて簡単に書け。

📖 ガイド　三平方の定理を用いて BP の長さを求める。

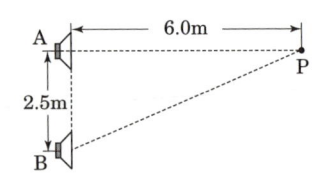

16 音波

141 クインケ管 [発展]

右の図のような管をクインケ管といい，音波の干渉現象を調べることができる装置である。以下の文章を読み，問いに答えよ。

図にある，入口Sから音を入れ，左右2つの経路（SATとSBT）を通った音を干渉させ，出口Tで音を聞くことができる装置がある。経路SBTの長さは，管Bの出し入れにより変えられる。図のように管Bを完全に入れた状態で，左右の経路の長さは等しくなっているとする。音源の音の振動数がfのとき，管Bを引き出していくと，出口Tで聞く音の大きさはしだいに小さくなり，lだけ引き出したとき，はじめて最小になった。

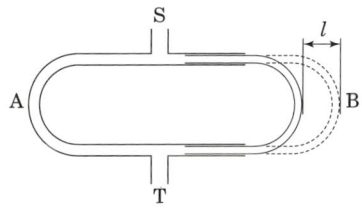

- (1) この音波の波長はいくらか。
- (2) この音波の音速をvとすると，振動数fはいくらか。

📖 ガイド　(1) 管Bをl引き出すと，経路差は$2l$になる。

142 うなり

A，B 2つのおんさから出る音の振動数の比は52：53である。また，この2つのおんさを同時に鳴らすと，2秒間に8回のうなりが聞こえた。おんさA，Bの振動数をそれぞれ求めよ。

📖 ガイド　1秒間のうなりの回数は，振動数の差に等しい。

応用問題 …………………………………………… 解答 ➡ 別冊 p.36

143
54.0km/h で走っている自動車の前方に山がある。警笛を鳴らしたところ，3.00秒後にこだまがかえってきた。風が10.0m/sで自動車の進行方向に吹いていたとすると，こだまがかえってきたとき，自動車と山の間の距離はいくらであったか。ただし，空気中の音速を340m/sとする。

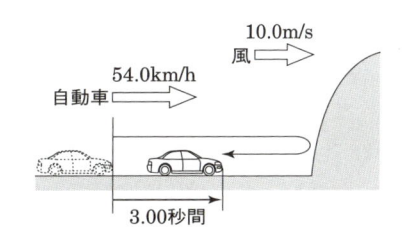

📖 ガイド　波の伝わる速さは媒質の運動している速さだけ変化する。

144 440 Hz の標準おんさとギターの弦の1本を同時に鳴らしたら，8 Hz のうなりが聞こえた。ギターの弦を強くしめなおして，もう一度同時に鳴らしたら，うなりは3 Hz になった。はじめのギターの弦の振動数を求めよ。（弦は強くしめるほど高い音を出す。）

📖 **ガイド** 高い音ほど振動数が大きい。

145 〈差がつく〉 [発展] 図に示すように，点 C から等距離 d [m] だけ離れた直線上の2点 A，B に2つのスピーカーが設置されている。線分 AB の垂直2等分線上で，C から距離 l [m] だけ離れた点を O とする。点 O を通り線分 AB と平行な直線 XX′ 上でスピーカーから発生した音を観測する。

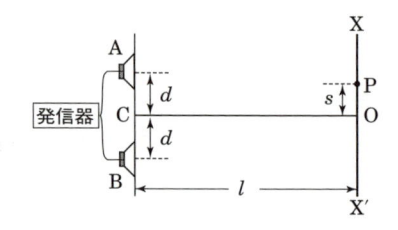

音の振動数を f [Hz]，空気中の音速を v [m/s] とする。また，l は音の波長にくらべて十分長い。

2つのスピーカーから振動数，振幅，位相が同じ音を発生させる。点 O から X に向かって観測者がゆっくり移動したとき，点 O と同様な音の強さの地点がくり返し見つかった。

(1) 点 O と同様な音の強さの地点のうちで，点 O にいちばん近い点を P とし，距離 OP を s [m] とする。点 P から点 A，B までの距離をそれぞれ AP，BP とすれば，|AP − BP| は音の半波長の何倍になっているか。

(2) |AP − BP| を d，l，s を用いて表せ。
ただし，d，s は l に比べて十分小さく，近似式
$$\sqrt{1+x^2} \fallingdotseq 1+\frac{1}{2}x^2 \quad (|x| \text{ は 1 に比べて十分小さいとき})$$
の関係が利用できる。

(3) s を d，f，l，v を用いて表せ。

📖 **ガイド** (1) O点までの経路差は0で，O点から離れるにしたがって，経路差は増加していく。

17 弦の振動・気柱の振動

テストに出る重要ポイント

◉ **弦の振動**…弦の長さを L 〔m〕,弦を伝わる波の速さを v〔m/s〕とする。

弦の固有振動数:

$$f = \frac{nv}{2L}$$

$(n = 1, 2, 3, \cdots)$

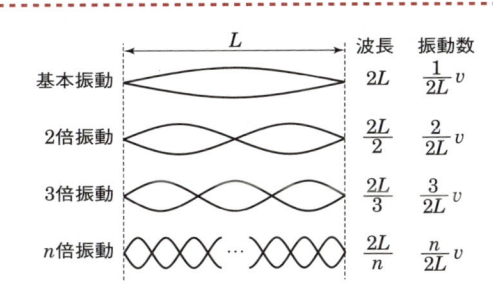

		波長	振動数
基本振動		$2L$	$\frac{1}{2L}v$
2倍振動		$\frac{2L}{2}$	$\frac{2}{2L}v$
3倍振動		$\frac{2L}{3}$	$\frac{3}{2L}v$
n倍振動		$\frac{2L}{n}$	$\frac{n}{2L}v$

◉ **気柱の振動**…気柱の長さを L〔m〕,音速を V〔m/s〕とする。

① 開管の固有振動数:

$$f = \frac{n}{2L}V \quad (n = 1, 2, 3, \cdots)$$

② 閉管の固有振動数:

$$f = \frac{2n-1}{4L}V \quad (n = 1, 2, 3, \cdots)$$

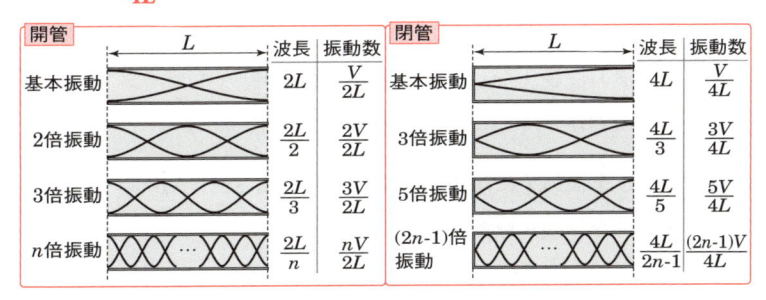

開管

		波長	振動数
基本振動		$2L$	$\frac{V}{2L}$
2倍振動		$\frac{2L}{2}$	$\frac{2V}{2L}$
3倍振動		$\frac{2L}{3}$	$\frac{3V}{2L}$
n倍振動		$\frac{2L}{n}$	$\frac{nV}{2L}$

閉管

		波長	振動数
基本振動		$4L$	$\frac{V}{4L}$
3倍振動		$\frac{4L}{3}$	$\frac{3V}{4L}$
5倍振動		$\frac{4L}{5}$	$\frac{5V}{4L}$
$(2n-1)$倍振動		$\frac{4L}{2n-1}$	$\frac{(2n-1)V}{4L}$

◉ **気柱の共鳴**…第1共鳴点から第2共鳴点までの距離が半波長であるから

$$l_2 - l_1 = \frac{\lambda}{2}$$

$$l_1 + \Delta l = \frac{\lambda}{4}$$

気柱の振動数 $f =$ 音源の振動数 f

$$f = \frac{V}{2(l_2 - l_1)}$$

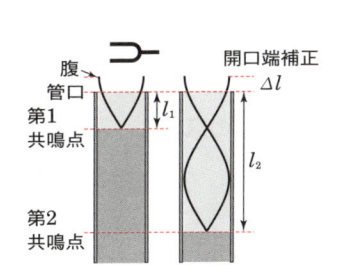

基本問題

146 弦の振動 [テスト必出]

長さ $0.90\,\mathrm{m}$ の弦に振動数 $400\,\mathrm{Hz}$ の振動を加えたところ，弦には 3 倍振動の定常波ができた。

- (1) 定常波の波長を求めよ。
- (2) 弦を伝わる波の速さを求めよ。

147 弦の振動

図のように，一様な弦の一端 A を，振動数が調節できる振動子に固定し，他端は滑車を通しておもりにつないである。また，コマ B は振動子と滑車の間を移動して，任意の 1 点で弦を固定することができる。

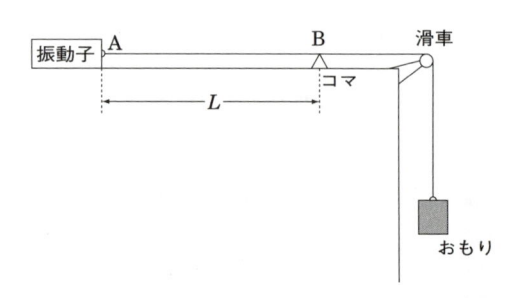

はじめに，AB 間の弦の長さを $L\,[\mathrm{m}]$ として，振動子を作動させ，この弦を振動数 $f\,[\mathrm{Hz}]$ で振動させたところ，AB 間に腹が 2 個ある定常波ができた。

- (1) 弦を伝わる波の波長 $\lambda\,[\mathrm{m}]$ を，L を用いて表せ。
- (2) 弦を伝わる波の速さ $V\,[\mathrm{m/s}]$ を，f，L を用いて表せ。

その後，コマ B を振動子に向かってゆっくり移動させ，AB 間の長さが $L'\,[\mathrm{m}]$ になったとき，基本振動が観測された。

- (3) L' を，L を用いて表せ。
- (4) 弦の振動数を徐々に増加させたところ，再び，腹が 2 個の定常波ができた。このときの弦の振動数 f' は，はじめの振動数 f の何倍か。

148 気柱の振動

次の文の □ をうめよ。

右図のように，長さ $l\,[\mathrm{m}]$ の閉管内に生じた空気の定常波の波長を $\lambda\,[\mathrm{m}]$，腹の数を n 個とすると，

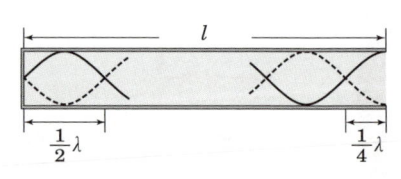

$$l = \frac{1}{2}\cdot\boxed{①}\times\boxed{②}-\frac{1}{4}\cdot\boxed{③}=\frac{1}{4}\cdot\boxed{④}$$

となる。一方，音速を V [m/s]，管内の空気の振動数を f [Hz] とすると，$V = f\lambda$ の関係があるから，f を V, n, l を用いて表すと，$f =$ ⑤ となる。

149 気柱の共鳴 ◀テスト必出

図のように，なめらかに動くことのできるピストンのついた管がある。管の一端にスピーカーを置き，発信器で振動数 f [Hz] の音を発した。

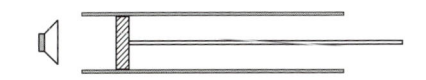

ピストンをスピーカー側の端から徐々に動かしたところ，気柱の長さが l_1 [m] になったときはじめて共鳴した（第1共鳴点）。さらにピストンを動かしていくと気柱の長さが l_2 [m] になったとき再び共鳴した（第2共鳴点）。

以下の問いに答えよ。

(1) スピーカーの音の波長を求めよ。
(2) 音の伝わる速さを求めよ。

📖 ガイド　(1) 第1共鳴点と第2共鳴点との距離が半波長になる。
　　　　　(2) $v = f\lambda$ の式を用いる。

応用問題　　　　　　　　　　　　　　　　　　　　　解答 ⇒ 別冊 *p.37*

150
図のように，ガラス管の管口の近くでおんさを鳴らしながら水面をゆっくり下げていったところ，管口から水面までの距離が $19.0\,\text{cm}$ と $59.0\,\text{cm}$ のときに共鳴が生じた。音の速さを $344\,\text{m/s}$ として，以下の問いに答えよ。

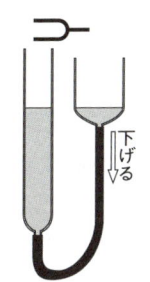

(1) 共鳴すると気柱内に管口を腹，水面を節とする定常波が生じる。この定常波の波長を求めよ。
(2) この定常波の腹の位置は管口より少し外側にずれる。管口から何 cm 外側にずれるか。
(3) おんさの振動数を求めよ。

📖 ガイド　(2) 腹から節までの長さが4分の1波長 $\dfrac{\lambda}{4}$ であるから，実際の腹と管口との距離 Δl は，管口から第1共鳴点までの距離を l_1 としたとき，$\Delta l = \dfrac{\lambda}{4} - l_1$ で求められる。

151 図1のようにAB間に弦を張り，弦の端におもりをつるし，張力を一定に保つ。Aから弦にスピーカーを用いて小さな振動を与える。A，Bの間隔はlである。

弦をある振動数f_0で振動させたところ共振し，図2(a)のような2つの腹をもつ定常波（定在波）が得られた。

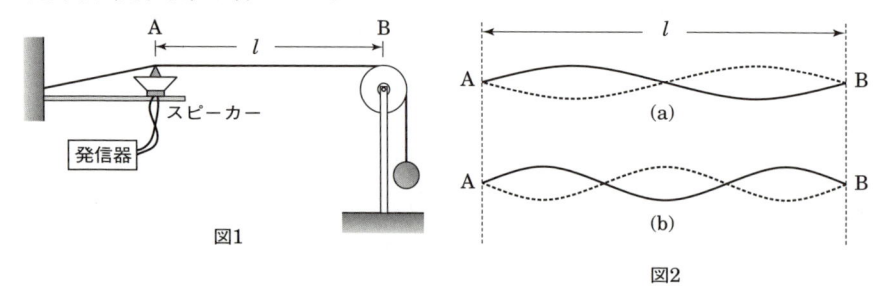

図1

図2

- (1) 弦を伝わる波の波長を求めよ。
- (2) 弦を伝わる波の速さを求めよ。

さらに振動数を大きくしていくと，図2(b)のような3つの腹をもつ定常波が得られた。

- (3) このときの振動数を，f_0を用いて表せ。
- (4) 周期を求めよ。

　📖ガイド　(1) 節から節までの距離が半波長になるので，弦の長さを腹の数で割り，2倍すると波長が求められる。

152 開管の一端に発振器につながれたスピーカーを置き，音を発した。発振器の振動数を徐々に大きくしていったところ，440 Hzのとき共鳴して大きな音を観測した。さらに振動数を大きくしていったところ660 Hzで共鳴し，再び大きな音を観測した。音の伝わる速さを330 m/sとし，開口端補正は無視できるとして，以下の問いに答えよ。

- (1) 開管の長さを求めよ。
- (2) 440 Hzで共鳴したとき，気柱にできる定常波は何倍振動になっているか。

18 ドップラー効果 [発展]

テストに出る重要ポイント

▶ **ドップラー効果** [発展] …音源と観測者が相対的に近づくときには，音の高さは音源の音の高さより高く聞こえ，相対的に遠ざかるときには，音の高さは音源の音の高さより低く聞こえる。この現象を音の**ドップラー効果**という。

① 観測者が静止，音源が速度 u で近づく場合の振動数は，

$$f = \frac{V}{V-u} f_0$$

② 音源が静止，観測者が速度 v で遠ざかる場合の振動数は，

$$f = \frac{V-v}{V} f_0$$

③ 音源が速度 u，観測者が速度 v で動く場合の振動数は，

$$f = \frac{V-v}{V-u} f_0$$

基本問題　　　　　　　　　　　　　　　　　　　　解答 ➡ 別冊 p.38

153 音源が運動しているときのドップラー効果 [発展]

次の文の □ をうめよ。

静止している観測者に向かって，音源が速さ u [m/s] で近づく場合，音源の振動数を f_0 [Hz]，音速を V [m/s] とすると，音源から出た音波は，1秒後に距離 ① [m] まで伝わり，この時間内に音源は ② [m] だけ観測者に近づいている。この時間内に音源が出した波の数は ③ 個であるから，波長は ④ [m] であり，観測される振動数 f は ⑤ [Hz] である。

ガイド 音源が運動すると空間にできる音波の波長が変化し，観測者を1秒間に通過する波の数が変化する。1秒間に通過する波の数が観測者が観測する振動数である。

154 観測者が運動しているときのドップラー効果 【発展】

振動数 f の音波を出す音源 S が静止している。次の [　] に適切な式を入れよ。ただし，音速を V とし，風はなく，音源 S の位置を原点とする。

図のように，観測者 O は，直線上を S に向かって一定の速さ u ($u<V$) で進むとする。S を出た音波がある時刻に O に到達したとする。このときの O の位置を $x=x_0$ とする。この位置で O を通過した波面は，通過して 1 秒後に，位置 $x=$ [①] に達する。そのとき，O の位置は，$x=$ [②] である。したがって，位置 $x=x_0$ で O を通過した波面は，O から見て，1 秒間に距離 [③] 進んでいる。音波の波長は [④] であるから，O が観測する音波の振動数を f_1 とすれば，$f_1=$ [⑤] である。

📖 **ガイド** 観測者が運動することによって，観測者を通過する波の数が変わる。1 秒間に通過する波の数が観測者が観測する振動数である。

例題研究 13. 【発展】 次の文の □ をうめよ。

図のように，振動数 f_0 の音源 S と観測者 O が，同一直線上を同じ向きに動いている。S と O の速さをそれぞれ u, v，音速を V とすると，S から O に向かって単位時間に送り出された音波は，距離 [①] の中にすべて含まれており，その中の波の数は [②] であるから，波長は [③] である。ところが，O から見ると，この波長の音波が [④] の速さで進んでくるように見えるから，O が聞く音の振動数 f は [⑤]・f_0 となる。

着眼 音源の運動から空間にできる波長を求め，観測者の運動から観測者の聞く音の振動数を求める。

解き方 ①音波が単位時間に V 伝わる間に音源が u 移動するので，$V-u$ 中に送り出された音波はすべて含まれている。
②単位時間に含まれている波の数は振動数に等しいので，f_0
③波 1 個の長さが波長 λ になるので，$\lambda = \dfrac{V-u}{f_0}$
④観測者は音の伝わる方向に運動しているので，観測者から見た音の伝わる速さは，$V-v$ である。

⑤ $v = f\lambda$ より, $V - v = f \cdot \dfrac{V-u}{f_0}$ となるので, $f = \dfrac{V-v}{V-u} f_0$

補足 ③では, 音源から観測者に向かって伝わる音波を見ると, 音源が観測者に向かって速さ u で運動しているので, 音源から見た音の伝わる速さは $V-u$ である。音源の観測者側にできる音波の波長 λ は, $v = f\lambda$ より $V - u = f_0 \lambda$ となり, $\lambda = \dfrac{V-u}{f_0}$

答 ① $V-u$ ② f_0 ③ $\dfrac{V-u}{f_0}$ ④ $V-v$ ⑤ $\dfrac{V-v}{V-u}$

---

155 音源と観測者が動くときのドップラー効果 [発展]

図のように, 音源と観測者が同一直線上を逆向きに, それぞれ速さ $20\,\mathrm{m/s}$ で運動している。音源の音の振動数が $450\,\mathrm{Hz}$ であるとすれば, 観測者が聞く音の振動数は何 Hz か。ただし, 音の伝わる速さを $340\,\mathrm{m/s}$ とする。

156 風が吹くときのドップラー効果 [発展]

静止している観測者に向かって, 振動数 $200\,\mathrm{Hz}$ の音源が $40\,\mathrm{m/s}$ の速さで近づいている。音速を $340\,\mathrm{m/s}$ として, 次の問いに答えよ。

(1) 風がないとき, この観測者が聞く音の振動数はいくらか。
(2) 音源が動く向きに風速 $5\,\mathrm{m/s}$ の風が吹くと, この振動数はいくらになるか。

ガイド (2) 風が吹いている場合, 媒質が運動しているため, 音の伝わる速さは, 風速と音速のベクトル和になる。

応用問題

157 [発展] ある距離をへだてた 2 点 A, B に, 振動数がそれぞれ $342\,\mathrm{Hz}$ と $338\,\mathrm{Hz}$ の音源があり, A, B を結ぶ直線上の AB 間に人がいるとする。音速を $340\,\mathrm{m/s}$ として, 次の問いに答えよ。

(1) この人が静止しているときに聞くうなりの回数はいくらか。
(2) この人が線分 AB 上を動くと，うなりを生じなくなるときがある。そのとき，この人はどちら向きに，どれだけの速さで動いているか。

📖 ガイド　(2) 音源 A，B から来る音の振動数が等しくなるとうなりは消える。

158 発展　図のように，音源 S，観測者 O および反射板 R が一直線上に並んでいて，S が右向きに速さ v_S [m/s] $(v_S < V)$，O が右向きに速さ v_O [m/s] $(v_O < V)$ で移動し，R は静止している。ここで，V [m/s] は音速を表し，S が出している音波の振動数を f [Hz] とする。観測中は，S は O を追い越さないとし，また O は R に衝突しないとする。

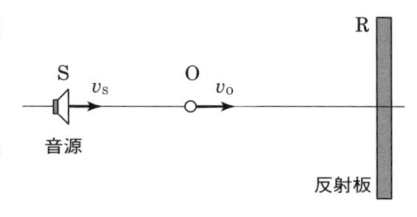

(1) O が観測する，S からの直接音の振動数を求めよ。
(2) O が観測する，R からの反射音の振動数を求めよ。
(3) O が観測する，うなりの周期を求めよ。

📖 ガイド　反射波のドップラー効果の振動数を求める場合，①反射板で観測する音の振動数 f_1 を求め，②反射板が振動数 f_1 の音を出す音源として観測者が観測する音の振動数を求める。

159 発展　ブザーが一定の振動数 f_0 [Hz] の音を発しながら，点 O を中心とする円軌道を一定の速さ v [m/s] で回転している。このとき，この円軌道と同一平面内にある軌道外の点 P で聞こえる音の振動数は，軌道上のブザーの位置によって周期的に変化した。点 P で聞こえた最も低い音の振動数が 900 Hz，最も高い音の振動数が 1100 Hz であった。このとき，円軌道上でのブザーの速さ v [m/s] と，ブザーが出している音の振動数 f_0 を求めよ。ただし，空気中での音の速さを 340 m/s とし，風の影響はないものとする。

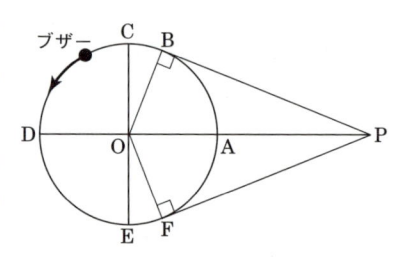

📖 ガイド　うなりの周期は，1 秒間に観測されるうなりの回数の逆数で求められる。音源と観測者を結んだ線分方向の速度成分によってドップラー効果が観測される。B 点で発した音を観測するとき振動数が最小となり，F 点で発した音を観測するとき振動数が最大となる。

19 静電気と電流

テストに出る重要ポイント

- **帯電**…物体が電子を吸収して負の電気をもつこと，または電子を失って正の電気をもつことをいう。
- **導体**…金属では自由電子があるため，電流をよく流す。
- **不導体**…ゴムやガラスなどは自由電子をもたず電流が流れない。
- **静電誘導** [発展] …帯電体を金属に近づけると自由電子が移動し，電荷を生じる。
  ① 帯電体に近い側は異種の電荷。
  ② 帯電体から遠い側は同種の電荷。
- **誘電分極** [発展] …不導体に帯電体を近づけると，原子や分子内の電荷の分布が変わり，電荷を生じる。
  ① 帯電体に近い側は異種の電荷。
  ② 帯電体から遠い側は同種の電荷。
- **静電気力**…同種の電荷間では斥力（反発力），異種の電荷間では引力。
- **電荷保存の法則**…全電荷の合計は常に一定である。

基本問題　　　　　　　　　　　　　　　　解答 → 別冊 *p.39*

160 摩擦電気　[テスト必出]

エボナイト棒を毛皮でこすったところ，エボナイト棒は負に帯電し，その電気量は -6.4×10^{-11} C だった。電子1個の電気量の大きさを 1.6×10^{-19} C とする。
- (1) 毛皮の電気量はいくらか。
- (2) 毛皮とエボナイト棒の間の電子の移動のようすを説明せよ。
- (3) エボナイト棒の帯電量は，電子何個分の電気量に相当するか。

161 静電誘導と誘電分極　[発展]

次の各問いに答えよ。
- (1) 小さい金属球を糸でつるし，正の帯電体を近づけたところ引きよせられた。金属球の電荷の分布のようすをかけ。

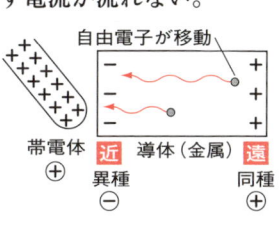

(2) 金属球のかわりに小さい不導体球を使ったときも引きよせられた。不導体球の電荷の分布のようすをかけ。
　📖 **ガイド** 導体，不導体のどちらも，帯電体に近い側に異種，遠い側に同種の電荷を生じる。

162 はく検電器 [発展]

帯電しているはく検電器に負の帯電体をゆっくりと近づけると，はくは閉じていった。さらに近づけると，はくが完全に閉じてから，再び開いた。

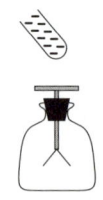

(1) 最初の状態のはく検電器の電荷の分布のようすをかけ。
(2) はくが閉じていくときの電荷の分布のようすをかけ。
(3) はくが完全に閉じたときの電荷の分布のようすをかけ。
(4) はくが再び開いたときの電荷の分布のようすをかけ。

163 静電気力と電荷保存

同じ大きさの金属球2個を糸でつるし，一方に $+6.0\times10^{-6}$ C，もう一方に -4.0×10^{-6} C の電荷を与え，近づけた。その後，金属球を接触させた。
(1) 2つの電荷間に生じる力を何というか。
(2) 接触前，接触後の電荷間に生じる力はそれぞれ引力か斥力か。
(3) 接触後の金属球の電荷はそれぞれいくらか。

応用問題　　　　　　　　　　　　　　　　解答 ➡ 別冊 *p.40*

164 糸でつるした導体球に正の帯電体を近づけると引きよせられ，その後接触し，はね返った。
(1) 帯電体を近づけたときの導体球の電荷の分布のようすをかけ。
(2) なぜはね返ったのか簡単に説明せよ。
　📖 **ガイド** 引きよせ合う→異種の電荷，しりぞけ合う→同種の電荷。

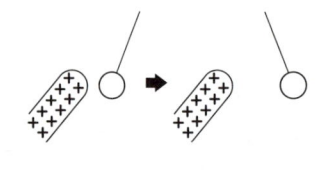

165 〈差がつく〉 [発展] 次の(1)〜(3)は，はく検電器に関する一連の操作を述べたものである。各状態のはく検電器の電荷の分布のようすをかけ。
- (1) 帯電していないはく検電器に正の帯電体を近づけるとはくが開いた。
- (2) 帯電体を近づけたまま金属板に手を触れるとはくは閉じた。その後，金属板から手を離したところ，はくは閉じたままだった。
- (3) さらに帯電体を遠ざけると，はくは再び開いた。

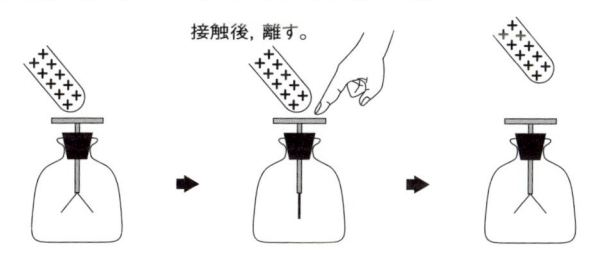

166 帯電している3本の棒 A, B, C がある。A と B を近づけるとたがいに引き合う力がはたらき，A と C を近づけるとたがいに反発する力がはたらいた。B と C を近づけるとき，どのような力がはたらくか。理由とともに述べよ。

167 ティッシュペーパーでこすると負に帯電するストローがある。図のように，台に固定した針の上に，一様に負に帯電させたストローを水平に置き，水平面内で自由に回転できるようにする。ただし，台と針は絶縁体でできており，帯電していないものとする。 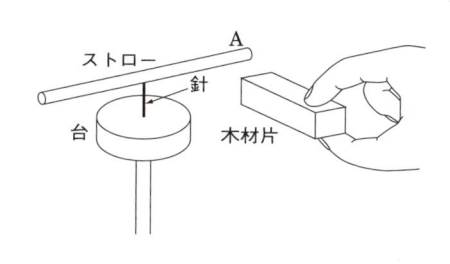
- (1) 帯電していない乾いた木材片を図のようにストローの端 A に近づけると，ストローはどのようになるか。理由とともに答えよ。
- (2) ストローのかわりに，正に帯電したアクリル棒を用い，帯電していない乾いた木材片を図のようにアクリル棒の端 A に近づけると，アクリル棒はどのようになるか。理由とともに答えよ。

20 電気抵抗とオームの法則

テストに出る重要ポイント

- 電流と電気量… $I = \dfrac{Q}{t}$

  I：電流〔A〕, Q：電気量〔C〕, t：時間〔s〕

- オームの法則… $V = RI$

  V：電圧〔V〕, I：電流〔A〕, R：抵抗値〔Ω〕

- 導線の抵抗… $R = \rho \dfrac{l}{S}$

  R：抵抗値〔Ω〕, l：銅線の長さ〔m〕
  ρ：抵抗率〔Ω·m〕, S：断面積〔m²〕

- 抵抗率の温度変化… $\rho = \rho_0(1 + \alpha t)$

  ρ：t℃での抵抗率, ρ_0：0℃での抵抗率, α：温度係数, t：温度〔℃〕

- ジュール熱…電流による抵抗の発熱。

  $$Q = IVt = I^2 Rt = \dfrac{V^2}{R} t \text{〔J〕}$$

  Q：ジュール熱〔J〕, I：電流〔A〕, V：電圧〔V〕,
  R：抵抗〔Ω〕, t：時間〔s〕

- 電力… $P = VI$

  電力 P：電流の仕事率, 単位は〔W〕

- 電力量… $W = Pt$

  電力量 W：電力 P〔W〕と時間 t〔s〕の積, 単位は〔J〕

- 抵抗の接続

  ① 直列接続

  合成抵抗値： $R = R_1 + R_2 + R_3 + \cdots$

  電流：電流はどこも同じ大きさ I

  電圧： $V = V_1 + V_2 + V_3 + \cdots$

  ② 並列接続

  合成抵抗値： $\dfrac{1}{R} = \dfrac{1}{R_1} + \dfrac{1}{R_2} + \dfrac{1}{R_3} + \cdots$

  電流： $I = I_1 + I_2 + I_3 + \cdots$

  電圧：電圧はどこも同じ大きさ V

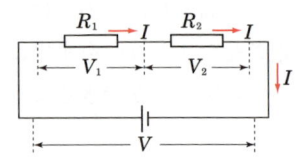

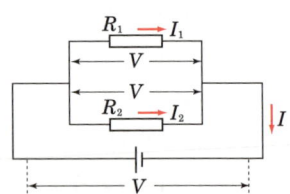

基本問題　　　　　　　　　　　　　　　　　　　　　解答 → 別冊 p.41

168 導線を流れる電流 テスト必出

長さ $5.0\,\mathrm{m}$，断面積 $4.0\times10^{-6}\,\mathrm{m}^2$，抵抗 $0.40\,\Omega$ の導線中を $3.2\,\mathrm{A}$ の電流が流れている。導線 $1\,\mathrm{m}^3$ あたりの自由電子の個数を 4.0×10^{28} 個 $/\mathrm{m}^3$，電子の電荷を $-1.6\times10^{-19}\,\mathrm{C}$ とする。

- (1) 導線の断面を1秒間に移動する自由電子の個数は何個か。
- (2) 1秒間に移動する電荷は何 C か。
- (3) 電子の平均の速さは何 m/s か。
- (4) 導線の両端の電位差はいくらか。

169 導線の抵抗 テスト必出

断面積 $4.0\times10^{-6}\,\mathrm{m}^2$，長さ $0.30\,\mathrm{m}$ の銅でできた導線の抵抗値を求めよ。ただし，銅の抵抗率は $1.6\times10^{-8}\,\Omega\cdot\mathrm{m}$ とする。

170 抵抗率

長さ $2.0\,\mathrm{m}$，断面積 $4.0\times10^{-7}\,\mathrm{m}^2$ の導線に，$1.5\,\mathrm{V}$ の電圧をかけたところ，$1.2\,\mathrm{A}$ の電流が流れた。導線の抵抗率を求めよ。

📖 **ガイド**　まずはオームの法則を用い，抵抗値を求める。

171 オームの法則

ある抵抗にかかる電圧を変化させたところ，電圧と電流の関係について右のグラフの結果を得た。この抵抗の抵抗値はいくらか。

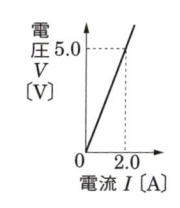

172 抵抗の接続

右図の装置について，次のときの合成抵抗値を求めよ。
- (1) スイッチが開いているとき
- (2) スイッチを閉じたとき

📖 **ガイド**　(2) R_1 と R_3，R_2 と R_4 それぞれの合成抵抗の直列接続と考える。

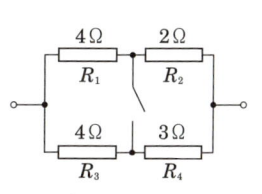

173 抵抗の直列接続 ◀テスト必出

抵抗値 $R_1 = 4.0\,\Omega$，$R_2 = 6.0\,\Omega$ の2つの抵抗を，図のように 12V の電池に直列に接続した。
- (1) 合成抵抗値はいくらか。
- (2) 回路を流れる電流の大きさおよび，各抵抗を流れる電流の大きさを求めよ。
- (3) 各抵抗の両端にかかる電圧を求めよ。

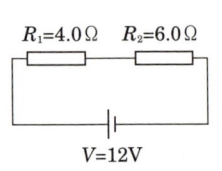

174 抵抗の並列接続 ◀テスト必出

抵抗値 $R_1 = 4.0\,\Omega$，$R_2 = 6.0\,\Omega$ の2つの抵抗を，図のように 12V の電池に並列に接続した。
- (1) 合成抵抗値はいくらか。
- (2) 回路を流れる電流の大きさおよび，各抵抗を流れる電流の大きさを求めよ。
- (3) 各抵抗の両端にかかる電圧を求めよ。

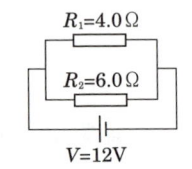

175 抵抗の直列・並列接続 ◀テスト必出

抵抗値 $R_1 = 4.0\,\Omega$，$R_2 = 6.0\,\Omega$，$R_3 = 3.6\,\Omega$ の3つの抵抗を図のように接続した。
- (1) 合成抵抗値はいくらか。
- (2) R_3 に流れる電流の大きさおよび，両端にかかる電圧はいくらか。
- (3) R_1 および R_2 に流れる電流の大きさおよび，両端にかかる電圧はいくらか。

📖ガイド 直列接続では電流の大きさはどの抵抗でも同じであることを使う。

176 電力

抵抗値 $200\,\Omega$ の抵抗に 100V の電圧を加えたとき，抵抗で消費される電力は何Wか。

177 電力量

消費電力 500W の電気製品を 30 分使用したとき，電力量は何 kWh か。

応用問題

178 半径 r [m],長さ L [m],抵抗 R [Ω] の導線がある。これを引き伸ばして半径を半分にした。抵抗値は何倍になるか。

179 右の図で,R_1,R_2,R_3 は抵抗の抵抗値を表し,また抵抗 R_3 は抵抗値を変えることができる可変抵抗器である。抵抗 R_1 に流れる電流の大きさを I とし,電池の内部抵抗は $0\,\Omega$ とする。

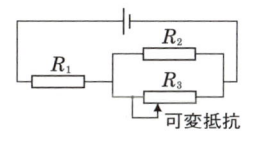

(1) 抵抗 R_2 に流れる電流の大きさは I の何倍か。

(2) $R_1 = R_2$ として R_3 を $0\,\Omega$ から増加させるとき,I の変化を表すグラフを,次のア〜エから選べ。

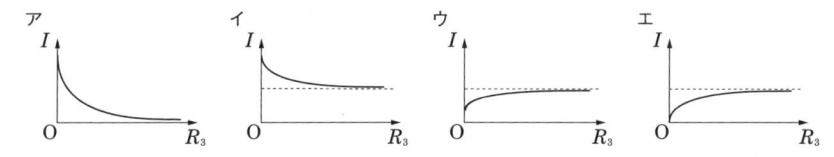

180 5つの異なる抵抗をそれぞれ電池に接続し,抵抗両端の電圧と流れる電流を測定したところ,図(a)の結果を得た。これは,図(b)のように,電池を,内部抵抗と呼ばれる抵抗 r と電圧(起電力)E の直流電源が,直列接続されたものと考えることにより説明される。

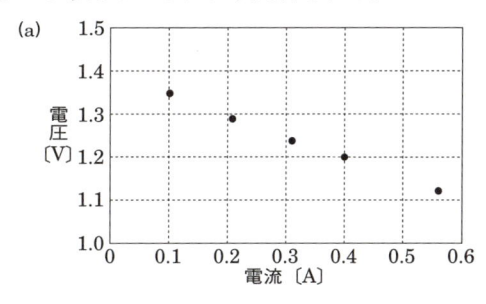

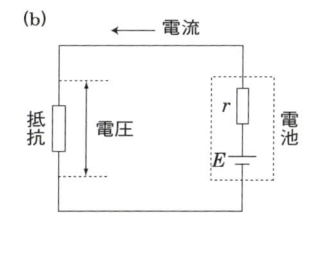

(1) 電池の起電力は何 V か。

(2) 電池の内部抵抗は何 Ω か。ただし,電池の内部抵抗は回路に対して直列につないだ抵抗としてはたらく。

> **ガイド** 端子電圧(電池の両極間の電圧)を V,電池の起電力を E,回路を流れる電流を I,電池の内部抵抗を r とすると,$V = E - rI$ の関係が成り立つので,図(a)の5つの点(の近く)を通るように直線を引く。

181 図に示すように，長さ L，抵抗 R の細長い一様な抵抗線 AB に，移動できる接点 C を設ける。A, B に電圧が一定の直流電源をつなぎ，B, C には起電力 E，内部抵抗 r の電池と検流計およびスイッチをつないだ。BC 間の距離が x のとき，スイッチを閉じても検流計の針は振れなかった。

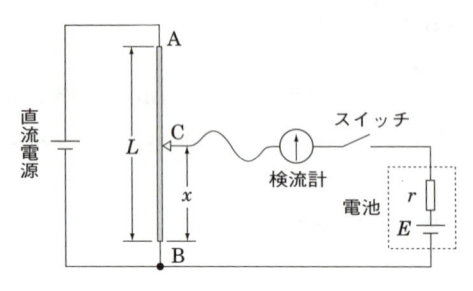

- (1) BC 間の抵抗線の抵抗値はいくらか。
- (2) BC 間の電圧はいくらか。

📖 **ガイド** (2) 検流計の針が振れないとき，電池の内部抵抗による電圧降下は生じない。

182 断面積 $6.0 \times 10^{-8}\,\mathrm{m}^2$ で長さ 18 m の導線の両端に 1.5 V の電圧をかけると 50 mA の電流が流れた。この導線を 3 等分して長さを 6 m にし，その 3 本を並列に接続する。両端に 1.5 V の電圧をかけた場合，3 本の導線に流れる全電流は何 mA になるか。

183 充電された携帯電話用の電池は流すことのできる電気量が限られている。図は，完全に充電したある携帯電話用の電池にある抵抗器をつないだとき，抵抗器を流れる電流の時間変化を表している。この電池を携帯電話に使う場合，通話時に流れる電流が 100 mA で一定であるとすると，最大何時間の連続通話が可能か。ただし，1 回の完全充電後この電池が流すことのできる電気量は，流す電流によらず一定であるとする。

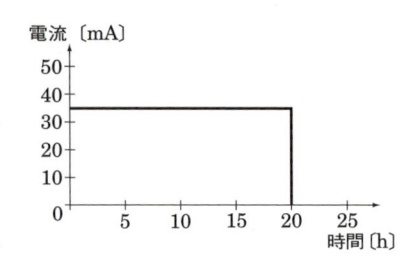

📖 **ガイド** 図のグラフに囲まれた面積が電池に蓄えられている電荷を表す。

21 電流と磁場

テストに出る重要ポイント

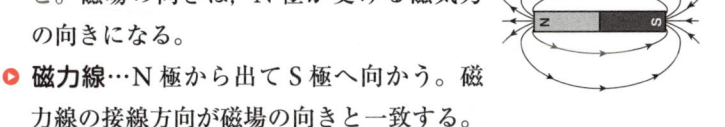

- **磁極**…同じ極どうしでは**斥力**，異なる極どうしでは**引力**がはたらく。
- **磁場（磁界）**…磁気力がはたらく空間のこと。磁場の向きは，N極が受ける磁気力の向きになる。 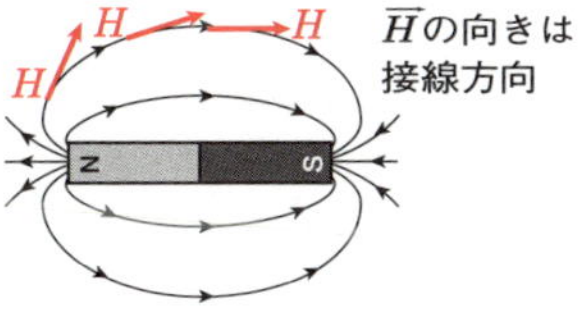
- **磁力線**…N極から出てS極へ向かう。磁力線の接線方向が磁場の向きと一致する。
- **右ねじの法則**
  ねじが進む向き：**電流**の向き。
  ねじが回る向き：**磁場**の向き。 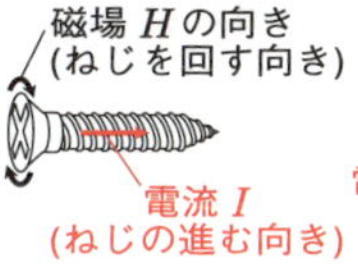 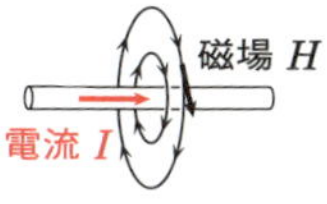
- **電流と磁場**

  ① 直線電流   ② 円電流 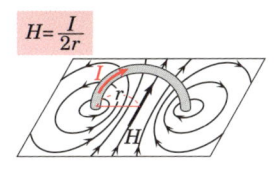   ③ ソレノイド

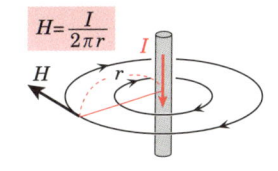

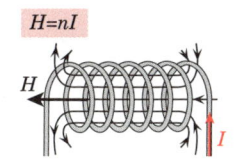

  $H = \dfrac{I}{2\pi r}$ $H = \dfrac{I}{2r}$ $H = nI$

- **フレミングの左手の法則**…**電流**，**磁場**，**力**の向きが，左手の**中指**，**人差し指**，**親指**の指す向きと一致する。

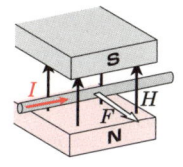

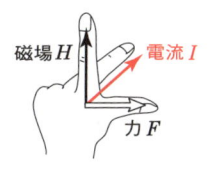

- **電磁誘導**…コイルを貫く磁場が変化すると**誘導起電力**が発生する。
  ① **レンツの法則**…誘導電流のつくる磁場は，コイルを貫く**磁力線の変化を打ち消すように発生**する。
  ② **ファラデーの電磁誘導の法則**…誘導起電力は，磁力線の時間あたりの変化とコイルの巻き数に比例する。

基本問題

184 磁力線 テスト必出

次の①～③について，磁極から出る磁力線のようすをかけ。

① N　S　　② N　S　　③ N　N

185 直線電流のつくる磁場 テスト必出

図は紙面を表から裏に流れる電流 I を示したものである。

(1) A, C 点の磁場の向きを図に記入せよ。
(2) B, D 点に磁針を置いたときの，磁針の向きを記入せよ。ただし，磁針の黒側は N 極である。

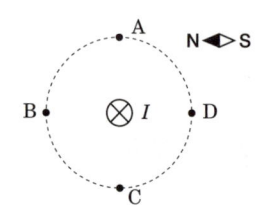

186 円形電流のつくる磁場 テスト必出

半径 $0.20\,\mathrm{m}$ の 1 巻きのコイルに電流を流した。コイルの中心付近での磁場の向きを図中に記せ。

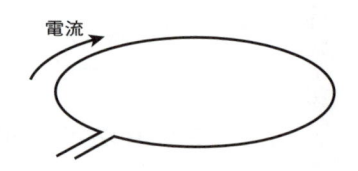

187 ソレノイドのつくる磁場 テスト必出

長さ $0.20\,\mathrm{m}$，巻き数 800 回のソレノイドに図の向きに $2.0\,\mathrm{A}$ の電流を流した。

(1) A, B 点での磁場の向きは右向きか左向きか。
(2) ソレノイドの N 極は A か B か答えよ。

　ガイド　右ねじの法則を使って極を決める。

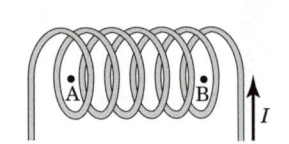

188 フレミングの左手の法則 テスト必出

2 つの磁石の間に，紙面の表から裏に流れる電流がある。この電流が磁場から受ける力の向きを示せ。

21 電流と磁場

☐ **189** フレミングの左手の法則 ◀テスト必出

紙面を表から裏に向かう磁場中に，図の向きに直線電流が流れている。電流が受ける力 F の向きを示せ。

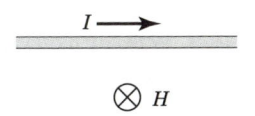

☐ **190** モーターの原理 ◀テスト必出

図はモーターの原理を示したものである。
☐ (1) モーターのコイルを流れる電流 A，B が磁場から受ける力の向きを図に記入せよ。
☐ (2) 整流子の役割を説明せよ。

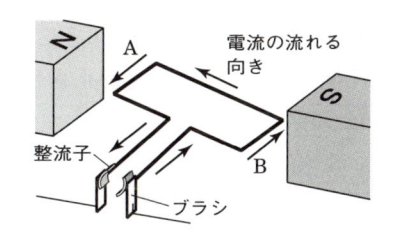

☐ **191** 誘導起電力 ◀テスト必出

図のコイルに対して，次の条件で磁石やコイルを動かすとき，コイルに流れる電流の向きは a か b か答えよ。
☐ (1) N 極を近づける。
☐ (2) N 極を遠ざける。
☐ (3) S 極を近づける。
☐ (4) コイルを N 極へ近づける。

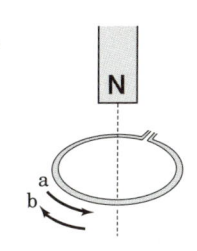

☐ **192** 誘導起電力 ◀テスト必出

次の各問いに答えよ。
☐ (1) コイルに磁石の N 極を近づけるときの誘導電流の向きは a か b か。
☐ (2) コイルから磁石の S 極を遠ざけるときの誘導電流の向きは a か b か。
☐ (3) (2)でコイルを電池と考えるとき，A，B どちらが正極になるか。

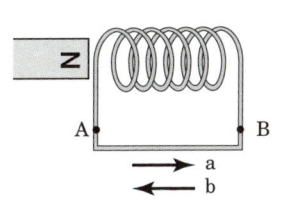

応用問題

193 磁場中の図のような回路で，金属棒を右に動かすとき誘導起電力が発生した。誘導起電力の向きは，aかbか答えよ。

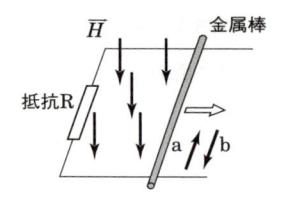

📖 ガイド　棒が動くと，回路を貫く磁力線が増える。

194 図1および図2のように，水平な絶縁体の板に置かれた1円玉の真上に，N極を上にして磁石を静止させ，そのあと磁石を鉛直方向にすばやく引き上げた。1円玉にはどのような力がはたらくか述べよ。

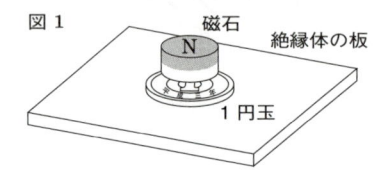

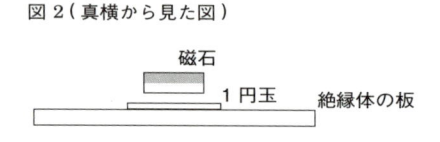

📖 ガイド　1円玉には，1円玉を貫く磁力線の変化を妨げるような，誘導電流が流れる。

195 図のように，糸に円形磁石を取りつけて振り子をつくり，その振り子の支点の真下に円形コイルを水平に置く。磁石の上面はN極，下面はS極であり，磁石の直径はコイルの直径と同程度である。ただし，振り子はコイルの中心軸を含む平面内で振動し，空気による抵抗や支点での摩擦は無視できるものとする。 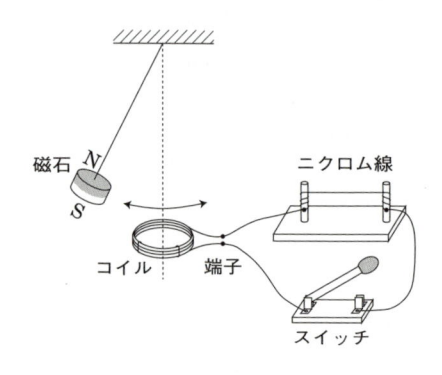
　コイルの端子にスイッチとニクロム線を直列に接続する。振り子が振動しているときスイッチを閉じると，振り子の振幅が減衰した。そこで，コイルの巻き数をいろいろ変えて減衰のようすを調べた。コイルの巻き数が多い場合と少ない場合で振り子の振幅が減衰する速さはどちらが速いか。理由とともに答えよ。

📖 ガイド　ニクロム線に大きな電流が流れるほうが，消費電力が大きい。

22 電磁誘導と電磁波

> **テストに出る重要ポイント**
>
> ● 直流と交流
>   **直流**…向きが一定の電流。
>   **交流**…周期的に電流の向きが変化する電流。
> ● 周波数 f 〔Hz〕…1秒間あたりの電流や電圧の変化する回数のこと。 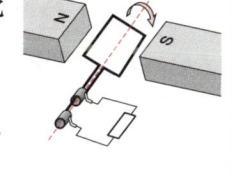
> ● 交流の発生(発電機の原理)…コイルを回転させ、周期的にコイルを貫く磁力線を変化させて発生させる。1回転で1個の交流を発生する。 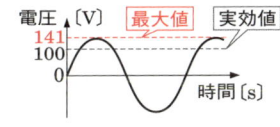
> ● 交流の実効値…交流は実効値を使って表す。最大電圧(電流)は実効値の $\sqrt{2}$ 倍。
> ● 交流の消費電力… $P = V_e I_e$
> P:消費電力〔W〕, V_e:電圧の実効値〔V〕, I_e:電流の実効値〔A〕
> ● 変圧器電圧の比…コイルの巻き数に比例する。
> $V_1 : V_2 = N_1 : N_2$
> ● 電磁波…電場の変化は磁場の変化を引き起こし、磁場の変化は電場の変化を引き起こす。このくり返しで空間を伝わる波のこと。光速で進む。
> $c = f\lambda$　　c:光速 $c = 3.0 \times 10^8$ m/s, f:周波数〔Hz〕, λ:波長〔m〕

基本問題　　　　　　　　　　　　　　　　　　　　　解答 ➡ 別冊 p.46

196 交流の周波数，実効値　◀テスト必出

50 Hz, 100 V の交流がある。この交流の周期，電圧の最大値を求めよ。

197 交流の周波数，実効値　◀テスト必出

交流の電圧と時間の関係を右の図に示す。
(1) 電圧の最大値および実効値は何 V か。
(2) 周波数は何 Hz か。

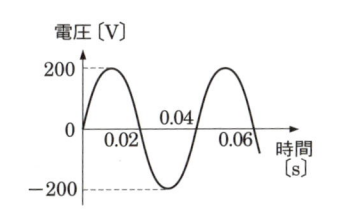

📖 ガイド　(2) グラフから周期を求める。

198 実効値

実効値 200 V の交流に 40 Ω の抵抗をつないだ。
- (1) 電圧の最大値を求めよ。
- (2) 電流の実効値および最大値を求めよ。

199 消費電力 ◁テスト必出

右図のように，実効値 100 V，50 Hz の交流電源に，抵抗 $R_1 = 20\,\Omega$，$R_2 = 30\,\Omega$ を直列につないだ。
- (1) 抵抗 R_1 を流れる電流，電圧を求めよ。
- (2) 抵抗 R_2 を流れる電流，電圧を求めよ。
- (3) 抵抗 R_1 にかかる最大電圧は何 V か。
- (4) 抵抗 R_1 の消費電力はいくらか。
- (5) 回路の消費電力はいくらか。

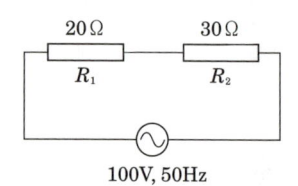

200 変圧器

電柱にトランス（変圧器）が置いてあり，1次側のコイルに 6000 V の電圧がかけられている。これを2次側のコイルで家庭用の 100 V に変換している。変圧器の1次側と2次側のコイルの巻き数の比を求めよ。

201 電磁波の波長

次の電磁波を，波長の短い順に並べよ。
　中波，UHF，VHF，X線，可視光線，赤外線，紫外線

　📖ガイド　中波は AM ラジオ，VHF（超短波），UHF（極超短波）はテレビ放送に利用されている。

202 電磁波 ◁テスト必出

ある FM 局の使っている電波の周波数は 80 MHz（$1\,\text{MHz} = 10^6\,\text{Hz}$）である。光速度を 3.0×10^8 m/s として，次の問いに答えよ。
- (1) この電波の波長と周期をそれぞれ求めよ。
- (2) 電磁波で，電場と磁場のなす角度は何度か。

応用問題

203 1次側200回巻き，2次側800回巻きのコイルからなる変圧器がある。1次側に100Vの交流電圧をかけ，2次側には50Ωの抵抗をつないだ。
(1) 2次側の電圧はいくらか。
(2) 2次側の電流はいくらか。
(3) 2次側の抵抗での消費電力はいくらか。
(4) 1次側のコイルでの消費電力はいくらか。
(5) 1次側の電流はいくらか。

📖 ガイド　コイルの巻き数を N_1, N_2, 電圧を V_1, V_2 とすれば，$N_1 : N_2 = V_1 : V_2$

204 日本の一般家庭のコンセントでは，電圧が100Vの交流の電気が利用できる。発電所ではまず10kV程度の電圧の交流がつくられるが，変圧器により270kV～500kVまで電圧を上げたあと，電気を消費する市街地まで送電されている。市街地ではこの電圧は変圧器によって6.6kVに下げられ，最後に家庭へは100Vで供給される。変圧器では，導線の抵抗が無視でき，磁束が鉄しんの外に漏れることはないと考えて，あとの問いに答えよ。

1次コイルに生じる誘導起電力の大きさを V_1 〔V〕，2次コイルに生じる誘導起電力の大きさを V_2 〔V〕とする。

(1) 変圧器の1次側に流れる電流の大きさを I_1 〔A〕，2次側に流れる電流の大きさを I_2 〔A〕とすると，変圧器の1次側と2次側の間には $V_1 I_1 = V_2 I_2$ の関係が成り立つ。これは何を意味するか説明せよ。

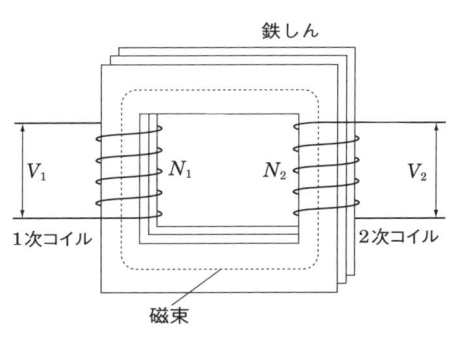

(2) ある変圧器の1次側に10kVの交流電圧を加えると，2次側には330kVの交流電圧が発生した。この変圧器の1次コイルと2次コイルの巻き数の比 $\dfrac{N_1}{N_2}$ を計算せよ。

(3) 発電所から供給される電力は一定である。この電力を P 〔W〕とし，発電所から市街地までの間の送電線の抵抗を R 〔Ω〕とする。発電所でつくられた電圧10kVの交流の電気をそのまま送電線で送電する場合は，変圧器を用いて電圧を330kVに上げてから送電する場合と比べて，単位時間あたりに送電線で発生するジュール熱が何倍になるかを求めよ。

23 原子力エネルギー

テストに出る重要ポイント

- **原子核の構成**…原子核は陽子と中性子からできている。
  ① **原子番号**…原子核に含まれる**陽子の数**。
  ② **質量数**…**陽子と中性子の数の和**（核子の数）。
- **同位体**…同じ元素の中で中性子の数の異なる原子（同じ元素では陽子の数は等しい）。
- **核反応**…原子核が別の原子核に変わる反応。核反応の前後で，**質量数の和と原子番号の和は変わらない**。
  ① **核分裂**…原子核がほぼ同じ大きさの2つの原子核に分裂すること。
  ② **核融合**…軽い原子核が核反応により重い原子核になること。
- **放射性崩壊**…不安定な原子核が，放射線を出して別の原子核に変わっていくこと。
  ① **放射線**…α 線，β 線，γ 線の3種類がある。
  ② **α 崩壊**…原子核から α 線（α 粒子 = He 原子核）を出して別の原子核に変わる。陽子が2個，中性子が2個放出されるので，**原子番号は2，質量数は4減少**する。
  ③ **β 崩壊**…原子核から β 線（高速の電子）を出して別の原子核に変わる。中性子が陽子に変わるので**原子番号が1増加**する。
  ④ **γ 線**…波長の短い電磁波なので，γ 線を出しても原子核の種類は変わらない
- **放射能**…原子核が自然に放射線を出す性質
- **放射性物質**…放射能をもつ物質

基本問題

解答 ➡ 別冊 *p.48*

205 放射性崩壊

次の文章の[　]の中に適当な言葉を入れよ。

1896年ベクレルはウランから物質をよく透過し写真乾板を感光させる何かが放出されていることを見つけた。この放出されているものを放射線といい，放射線を出すはたらきを放射能という。

原子核は，[①]と[②]とからできており，[①]の数は原子番号に等しく，[①]と[②]の数を加えたものを[③]という。原子核には原子番号が同じでも[③]の異なるものがあり，これを同位体という。同位体には安定なものと不安定なものがある。不安定な原子核には，放射線を放出して別の原子核に変わるものや，ほぼ半分の[③]をもった2個の原子核に核分裂するものがある。

自然界には，ヘリウムの原子核を放出する[④]崩壊，電子を放出する[⑤]崩壊，およびエネルギーの大きい光子を放出する[⑥]崩壊がある。[④]崩壊では，崩壊する原子核の原子番号が[⑦]だけ変化し，[③]は[⑧]だけ変化する。また，[⑤]崩壊では原子番号が[⑨]だけ変化し，[③]は変わらない。[⑥]崩壊では崩壊の前後で原子番号も[③]も変化しない。

206 α崩壊 〔発展〕

$^{226}_{88}\text{Ra}$ は α 崩壊して Rn 原子核に変わる。Rn 原子核の原子番号と質量数はいくらか。

207 原子核

次の原子の，陽子の数と中性子の数を求めよ。

(1) $^{14}_{6}\text{C}$ (2) $^{16}_{8}\text{O}$ (3) $^{188}_{84}\text{Po}$ (4) $^{3}_{1}\text{H}$

応用問題 ………………………………………… 解答 ➡ 別冊 p.48

208 次の核反応式中の[ ]の数値を求めよ。

(1) $[^{\text{ア}}_{\text{イ}}]\text{Be} + ^{4}_{2}\text{He} \longrightarrow ^{12}_{6}\text{C} + ^{1}_{0}\text{n}$

(2) $^{235}_{92}\text{U} + ^{1}_{0}\text{n} \longrightarrow [^{141}_{\text{ア}}]\text{Ba} + ^{92}_{36}\text{Kr} + [\text{イ}]^{1}_{0}\text{n}$

209 〔発展〕 次の放射性崩壊において，α崩壊と β 崩壊の回数をそれぞれ求めよ。

(1) $^{238}_{92}\text{U}$ から始まり $^{206}_{82}\text{Pb}$ に終わるウラン-ラジウム系列

(2) $^{232}_{90}\text{Th}$ から始まり $^{208}_{82}\text{Pb}$ に終わるトリウム系列

(3) $^{235}_{92}\text{U}$ から始まり $^{207}_{82}\text{Pb}$ に終わるアクチニウム系列

(4) $^{237}_{93}\text{Np}$ から始まり $^{209}_{83}\text{Bi}$ に終わるネプツニウム系列

執筆協力：土屋博資
図　　版：小倉デザイン事務所

シグマベスト
シグマ基本問題集
物理基礎

本書の内容を無断で複写(コピー)・複製・転載することは，著作権および出版社の権利の侵害となり，著作権法違反となりますので，転載等を希望される場合は前もって小社あて許諾を求めてください。

編　者　文英堂編集部
発行者　益井　英郎
印刷所　図書印刷株式会社
発行所　株式会社　文英堂
　　〒601-8121　京都市南区上鳥羽大物町28
　　〒162-0832　東京都新宿区岩戸町17
　　（代）03-3269-4231

Ⓒ BUN-EIDO 2012　　Printed in Japan　　●落丁・乱丁はおとりかえします。

シグマ基本問題集 物理基礎

正解答集

➡ 検討 で問題の解き方が完璧にわかる
➡ テスト対策 で定期テスト対策も万全

文英堂

1 物理量の測定と扱い方

基本問題 ……………………… 本冊 p.4

1

答 (1) 3桁 (2) 4桁 (3) 3桁

検討 (1) 測定によって得られたのは，1, 8, 2 の3つの数字で，**1の位の0は考えない**。（測定値の表し方の約束に従えば，1.82×10^{-1} kg と記すことになる。）
(2) 測定によって得られたのは，1, 3, 4, 6 の4つの数字である。（測定値の表し方の約束に従えば，1.346×10^1 cm と記すことになる。）
(3) 測定によって得られたのは，9, 3, 0 の3つの数字で，**末尾の0を落としてはいけない**。（測定値の表し方としては，9.30 s のままでよいが，10の累乗で表すことを求められた場合は 9.30×10^0 s と記す。）

2

答 (1) 2.246×10^{-2} kg
(2) 5.638×10^{-1} m
(3) 2.36×10^3 m

検討 単位を MKSA 単位系に直すと，
(1) 22.46 g = 0.02246 kg = 2.246×10^{-2} kg
(2) 56.38 cm = 0.5638 m = 5.638×10^{-1} m
(3) 2.36 km = 2360 m = 2.36×10^3 m

3

答 (1) 7.44×10^{-1} kg (2) 1.242 kg

検討 目盛りの間を目分量で10等分して読み取る。ついている目盛りの間隔が 0.01 kg なので，0.001 kg の位まで読み取る。
(1) 針が，0.74 kg と 0.75 kg の間にある。目分量で10等分すると 0.004 kg あたりを指していると読み取れるので，0.744 kg と考えられる。しかし，0.743 kg，0.745 kg と読み取る測定者もいると考えられる。これらの数値は，どれも間違いとはいえない。
(2) 針が，1.24 kg と 1.25 kg の間にある。目分量で10等分すると 0.002 kg あたりを指していると読み取れるので，1.242 kg と考えられる。しかし，1.241 kg，1.243 kg と読み取る測定者もいると考えられる。これらの数値は，どれも間違いとはいえない。10の累乗の形で書けば，1.242×10^0 kg となる。

【補足】 (1)は有効数字3桁，(2)は有効数字4桁である。同じ測定器を使っても，測定するものによって有効数字は変わる。

4

答 (1) $[LT^{-1}]$ (2) $[LT^{-2}]$
(3) $[LMT^{-2}]$ (4) $[L^2MT^{-2}]$

検討 (1) 速さの単位は **m/s** である。m は長さ，s は時間の単位である。m/s は $\dfrac{m}{s}$ であるから，

$$\dfrac{m}{s} = \dfrac{[L]}{[T]} = [LT^{-1}]$$

(2) 加速度の単位は **m/s²** であるから，

$$\dfrac{m}{s^2} = \dfrac{[L]}{[T^2]} = [LT^{-2}]$$

(3) 力の単位は **N = kg·m/s²** と基本単位で表すことができる。（運動の法則の章を参照）

$$kg \cdot \dfrac{m}{s^2} = [M] \cdot \dfrac{[L]}{[T^2]} = [LMT^{-2}]$$

(4) 仕事の単位は **J = kg·m²/s²** と基本単位で表すことができる。（仕事と力学的エネルギーの章を参照）

$$\dfrac{kg \cdot m^2}{s^2} = \dfrac{[M] \cdot [L^2]}{[T^2]} = [L^2MT^{-2}]$$

応用問題 ……………………… 本冊 p.5

5

答 (1) ① 7.86×10^{-2} m
② 4.91×10^{-4} m²
(2) ① 3.28×10^{-3} m² ② 1.09×10^{-1} m
(3) 1.768×10^{-1} kg

検討 (1) 測定値は 1.25 cm となっているので，有効数字3桁である。
① 円周の長さはかけ算によって求めるので，

計算結果の有効数字を 3 桁にすればよい。そのため，円周率は有効数字 4 桁の 3.142 で計算する。

$2 × 3.142 × 0.0125 = 7.86 × 10^{-2}$ [m]

② 円の面積はかけ算によって求めるので，計算結果の有効数字を 3 桁にすればよい。そのため，円周率は有効数字 4 桁の 3.142 で計算する。

$3.142 × 0.0125^2 = 4.91 × 10^{-4}$ [m²]

(2) 10.42 cm は有効数字 4 桁，3.15 cm は有効数字 3 桁である。

① 面積はかけ算によって求める。計算結果の有効数字は，計算に使う**測定値の有効数字の桁数の小さいほうに合わせばよい**ので，有効数字 3 桁にすればよい。

$0.1042\,\text{m} × 0.0315\,\text{m} = 3.28 × 10^{-3}\,\text{m}^2$

② 平方根の開平も有効数字で考えればよいので，計算結果の有効数字を 3 桁にすればよい。

$\sqrt{0.1042^2 + 0.0315^2} = \sqrt{0.01184989}$
$= 1.09 × 10^{-1}$ [m]

(3) **足し算なので，末尾の位で考える。**
154.36 g の末尾は小数点以下第 2 位，22.4 g の末尾は小数点以下第 1 位なので，計算結果の末尾を小数点以下第 1 位にすればよい。

154.36 g + 22.4 g = 176.76 g
  = 176.8 g
  = 0.1768 kg
  = $1.768 × 10^{-1}$ kg

2 速さと速度

基本問題 ……………………… 本冊 p.7

❻

答 (1) **1.2 m** (2) **1.8 m**

検討 (1) 1.5 − 0.3 = 1.2 [m]
(2) 1.5 + 0.3 = 1.8 [m]

❼

答 (1) **20 m/s** (2) **54 km/h**

検討 (1) 72 km/h
 $= 72 × \dfrac{1000\,\text{m}}{3600\,\text{s}} = 20\,\text{m/s}$

(2) $15\,\text{m/s} = 15 × \dfrac{\dfrac{1}{1000}\,\text{km}}{\dfrac{1}{3600}\,\text{h}}$
 $= 15 × \dfrac{3600}{1000}\,\text{km/h} = 54\,\text{km/h}$

❽

答 (1) **15 m/s** (2) **200 m**

検討 (1) $\dfrac{300\,\text{m}}{20\,\text{s}} = 15\,\text{m/s}$

(2) $x = vt = 8.00 × 25.0 = 200$ [m]

❾

答 (1) **20 m** (2) **4.0 m/s**

(3)

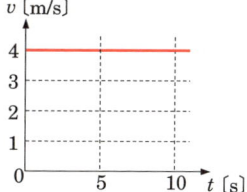

```
v [m/s]
4 ────────────────
3
2
1
0        5      10   t [s]
```

検討 (1) $t = 5\,\text{s}$ のとき，$x = 20\,\text{m}$，$t = 10\,\text{s}$ のとき，$x = 40\,\text{m}$ だから，移動距離は
  40 − 20 = 20 [m]

(2) $v = \dfrac{40}{10} = 4.0$ [m/s]

(3) グラフは時間軸に平行になる。

❿

答 (1) **11.0 m/s** (2) **3.0 m/s**

検討 (1) A 君の進む方向と，船の進む方向は同じなので，合成速度は
  4.0 + 7.0 = 11.0 [m/s]

(2) A 君の進む方向と，船の進む方向は反対なので，合成速度は
  −4.0 + 7.0 = 3.0 [m/s]

これは，B 君から見ると A 君が船の上で 3.0 m/s で進んでいることを示している。

11～16 の答え

> **テスト対策**
> 「速度」は**大きさと向き**を示す。「速さ」は**大きさのみ**を示すと考える。

11

答 大きさ：**7.0 m/s**

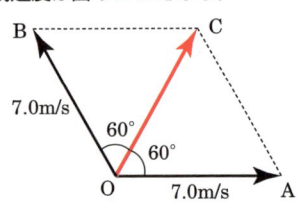

合成速度は図の $\overrightarrow{OC}$ である。

検討 △OACと△OBCは正三角形だから，$\overrightarrow{OC}$ の大きさは 7.0 m/s である。

12

答 $v_x = 26$ m/s, $v_y = 15$ m/s

検討 $v_x = 30 \cos 30° = 30 \times \dfrac{\sqrt{3}}{2} \fallingdotseq 26$ [m/s]

$v_y = 30 \sin 30° = 30 \times \dfrac{1}{2} = 15$ [m/s]

13

答 (1) **5 m/s** (2) **35 m/s**

検討 (1) $v_{AB} = 20 - 15 = 5$ [m/s]

(2) $v_{AB} = 20 - (-15) = 35$ [m/s]

応用問題 ……………………… 本冊 p.8

14

答 (1) **7.5 m/s**

(2) 点 B での瞬間の速さ：**5.0 m/s**
　　点 C での瞬間の速さ：**10 m/s**

検討 (1) $\bar{v} = \dfrac{20 - 5}{4 - 2} = 7.5$ [m/s]

(2) 接線 b, c の傾きを求める。

$v_B = \dfrac{20}{4} = 5.0$ [m/s]

$v_C = \dfrac{30}{3} = 10$ [m/s]

15

答 (1) **2.0 m/s** (2) **3.5 m/s**

(3) **−0.577** (4) **2.8 m/s**

検討 (1) 川の流れの速さ V は

$V = 4.0 \cos 60° = 4.0 \times \dfrac{1}{2} = 2.0$ [m/s]

(2) 岸に対する船の速さ v は

$v = 4.0 \sin 60° = 4.0 \times \dfrac{\sqrt{3}}{2} \fallingdotseq 3.5$ [m/s]

(3) $\cos \theta = \dfrac{-2}{2\sqrt{3}} = -\dfrac{\sqrt{3}}{3} \fallingdotseq -0.577$

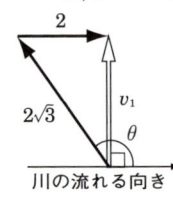

(4) 求める速さ v_1 は，三平方の定理より

$v_1{}^2 + 2^2 = (2\sqrt{3})^2$

よって，$v_1 = \sqrt{8} = 2\sqrt{2} \fallingdotseq 2.8$ [m/s]

> **テスト対策**
> 物理では，**三角関数**（$\sin \theta$, $\cos \theta$, $\tan \theta$）がいろいろな場面で使われるので，これらの関係式と **30°，45°，60°の値**などは覚えておくこと。

3 加速度

基本問題 ……………………… 本冊 p.10

16

答 (1) 向き：**右**, 大きさ：**0.50 m/s²**

(2) 向き：**左**, 大きさ：**5.0 m/s²**

(3) 向き：**左**, 大きさ：**2.0 m/s²**

検討 (1) 右向きを正とする。加速度 a は

$a = \dfrac{15 - 10}{10} = 0.50$ [m/s²]

(2) $a = \dfrac{0 - 15}{3.0} = -5.0$ [m/s²]

(3) $a = \dfrac{-4.0 - 8.0}{6.0} = -2.0$ [m/s²]

17〜**20** の答え　5

17

[答]　(1) $0.80\,\text{m/s}^2$　(2) $22\,\text{m/s}$
　　(3) $28\,\text{m}$　(4) $25\,\text{m}$

[検討]　(1) $v = v_0 + at$ より
$$30 = 10 + a \times 25$$
$$a = \frac{30 - 10}{25} = 0.80\,[\text{m/s}^2]$$
(2) $v = v_0 + at$ より
$$v = 2.0 + 4.0 \times 5.0 = 22\,[\text{m/s}]$$
(3) $x = v_0 t + \frac{1}{2}at^2$ より
$$x = 3.0 \times 4.0 + \frac{1}{2} \times 2.0 \times 4.0^2 = 28\,[\text{m}]$$
(4) $v^2 - v_0^2 = 2ax$ より
$$10^2 - 5^2 = 2 \times 1.5 \times x$$
これより, $x = 25\,[\text{m}]$

18

[答]　(1) $2.0\,\text{m/s}^2$　(2) $24\,\text{m}$　(3) $1.0\,\text{s}$

[検討]　(1) $v = v_0 + at$ である。
$10.0 = 2.0 + a \times 4.0$ より, $a = 2.0\,\text{m/s}^2$
(2) $x = v_0 t + \frac{1}{2}at^2$ を使う。
$$x = 2.0 \times 4.0 + \frac{1}{2} \times 2.0 \times 4.0^2$$
$$x = 24\,\text{m}$$
(3) $v = v_0 + at$ より,
$2.0 = 0 + 2.0t$
よって, $t = 1.0\,\text{s}$

> ✏ テスト対策
> (1), (2)では, P点をはじめの位置, Q点をあとの位置として, $v = 10.0\,\text{m/s}, v_0 = 2.0\,\text{m/s}, t = 4.0\,\text{s}$ を代入し, **等加速度直線運動の3つの式**をつくる。
> $$10.0 = 2.0 + a \times 4.0$$
> $$x = 2.0 \times 4.0 + \frac{1}{2} \times a \times 4.0^2$$
> $$10.0^2 - 2.0^2 = 2ax$$
> この3つの式から, 問われている値を求めるにはどの式を使うか, 考えること。慣れないうちは, このように3つの式に数値を代入して立式してみるとよい。

19

[答]　(1) $3.0\,\text{m/s}^2$　(2) $30\,\text{m}$
　　(3) $x\,[\text{m}]$

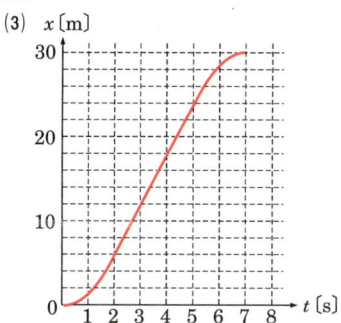

[検討]　(1) 加速度は v-t グラフの傾きだから
$$a = \frac{6 - 0}{2 - 0} = 3.0\,[\text{m/s}^2]$$
(2) 7.0s 間の距離は, v-t グラフの台形の面積で表されるから
$$x = \frac{(7 + 3) \times 6}{2} = 30\,[\text{m}]$$
(3) x-t グラフは 0〜2.0s は, 下に凸の放物線, 2.0〜5.0s は直線, 5.0〜7.0s は上に凸の放物線である。

応用問題 ･･････････････････ 本冊 p.12

20

[答]　(1) $-4.0\,\text{m/s}^2$　(2) $2.5\,\text{s}$
　　(3) $12\,\text{m}$　(4) $13\,\text{m}$

[検討]　(1)〜(3)は**等加速度直線運動の式**を使う。
(1) $-2.0 = 10 + a \times 3.0$ より,
$a = -4.0\,\text{m/s}^2$
(2) A点で速度 $v = 0$ だから
$0 = 10 - 4.0t$ より, $t = 2.5\,\text{s}$
(3) 距離 x は
$$x = 10 \times 3.0 + \frac{1}{2} \times (-4.0) \times 3.0^2$$
$$= 12\,[\text{m}]$$
(4) 道のりを l とすると
$$\text{OA} = 10 \times 2.5 + \frac{1}{2} \times (-4) \times 2.5^2$$
$$= 12.5\,[\text{m}]$$
$$l = 2\text{OA} - \text{OB}$$
であるから, $l = 2 \times 12.5 - 12 = 13\,[\text{m}]$

21

答 加速度の平均：**9.6 m/s²**

時刻 t〔s〕	0	0.100	0.200	0.300	0.400
時間〔s〕		0.100	0.100	0.100	0.100
位置 x〔m〕	0	0.069	0.235	0.496	0.853
位置の変化〔m〕		0.069	0.166	0.261	0.357
速度 v〔m/s〕		0.69	1.66	2.61	3.57
速度の変化〔m/s〕			0.97	0.95	0.96
加速度〔m/s²〕			9.7	9.5	9.6

🖉テスト対策
加速度は，ほぼ一定（**等加速度直線運動**）と考えられる。この数値データは，次章で解説する「自由落下」における「重力加速度」の実験データである。次章を参考にすること。

4 空中での物体の運動

基本問題 …………………… 本冊 p.15

22

答 ① 鉛直下　② 9.8　③ 等加速度直線
④ 重力　⑤ 0　⑥ 鉛直下　⑦ $v = gt$
⑧ $y = \frac{1}{2}gt^2$　⑨ $v^2 = 2gy$
⑩ 鉛直上　⑪ $v = v_0 - gt$
⑫ $y = v_0 t - \frac{1}{2}gt^2$　⑬ $v^2 - v_0^2 = -2gy$

23

答 (1) **20 m**　(2) **3.0 s**　(3) **29 m/s**

検討 (1) 落下距離 y は
$$y = \frac{1}{2} \times 9.8 \times 2.0^2 = 19.6 ≒ 20 〔m〕$$
(2) 求める時間を t とすると
$$44.1 = \frac{1}{2} \times 9.8 \times t^2$$
$t > 0$ であるから，$t = 3.0$ s
(3) ボールの速さを v とすると
$$v = 9.8 \times 3.0 = 29.4 〔m/s〕$$

24

答 (1) **25 m/s**　(2) **59 m**

検討 (1) $v = 5.0 + 9.8 \times 2.0 = 24.6 〔m/s〕$
(2) $y = 5.0 \times 3.0 + \frac{1}{2} \times 9.8 \times 3.0^2 = 59.1 〔m〕$

25

答 (1) 速さ：**4.9 m/s**，高さ：**9.8 m**
(2) **1.5 s 後**

検討 (1) 速さは
$$v = 14.7 - 9.8 \times 1.0 = 4.9 〔m/s〕$$
高さは
$$y = 14.7 \times 1.0 - \frac{1}{2} \times 9.8 \times 1.0^2 = 9.8 〔m〕$$
(2) 求める時間を t とすると
$$0 = 14.7 - 9.8t$$
よって，$t = 1.5$ s

🖉テスト対策
(2)速さが 0 m/s になるのは，鉛直投げ上げ運動の「最高点」であることに注意しよう。

26

答 ① 放物　② 水平　③ 斜方
④ 等速直線　⑤ 自由落下
⑥ 鉛直投げ上げ　⑦ 9.8　⑧ 重力

応用問題 …………………… 本冊 p.16

27

答 (1) **4.0 s 後**　(2) **29 m/s**　(3) **2.0 s 後**

検討 (1) 地面につく時間を t とすると，**自由落下の式**より
$$78.4 = \frac{1}{2} \times 9.8 \times t^2$$
これより，$t^2 = 16$
$t > 0$ であるから，$t = 4.0$ s
(2) 初速度を v_0 とすると
$$78.4 = v_0 \times 2.0 + \frac{1}{2} \times 9.8 \times 2.0^2$$
よって，$v_0 = 29.4$ m/s
(3) 求める時間を T とすると，小球 A の落下

距離 y_A は
$$y_A = \frac{1}{2} \times 9.8 \times T^2 = 4.9T^2$$
小球 B の上昇距離 y_B は
$$y_B = 39.2 \times T - \frac{1}{2} \times 9.8 \times T^2$$
$$= 39.2T - 4.9T^2$$
ここで，$y_A + y_B = 78.4$ だから
$$4.9T^2 + 39.2T - 4.9T^2 = 78.4$$
よって，$T = 2.0$ s

㉘
[答] (1) **1 倍**（同じ） (2) **2 倍**

[検討] (1) **水平投射では，鉛直方向は自由落下**と考えられるから，水平方向の初速度が変化しても，落下時間は変化しない。
(2) **水平方向は等速直線運動**と考えられるから，OB 間の距離（水平到達距離）は，初速度に比例する。つまり，初速度が 2 倍になると OB 間の距離は 2 倍になる。

㉙
[答] (1) **0.90 m** (2) **0.86 s**
(3) **2.6 m** (4) **放物運動**

[検討] (1) 最高点では速さは 0 m/s だから，**鉛直投げ上げ運動の式**より，高さ y は
$$0^2 - 4.2^2 = -2 \times 9.8 \times y$$
よって，$y = 0.90$ m
(2) 再び戻ってくるときの高さは 0 m だから，求める時間を t とすると
$$0 = 4.2 \times t - \frac{1}{2} \times 9.8 \times t^2$$
よって，$t = \frac{4.2}{4.9} = \frac{6}{7} \fallingdotseq 0.86$ 〔s〕
(3) 台車も小球も，**水平方向は等速直線運動**だから求める距離 x は
$$x = 3.0 \times \frac{6}{7} \fallingdotseq 2.6 \text{〔m〕}$$
(4) 小球は，**水平方向には等速直線運動，鉛直方向には投げ上げ運動**をするから，斜方投射である。**斜方投射の運動は放物運動**である。

5 力の性質

基本問題 ●●●●●●●●●●●●●●● 本冊 *p.18*

㉚
[答] 大きさ：**5.2 N**
合力は図の $\overrightarrow{OD}$ である。

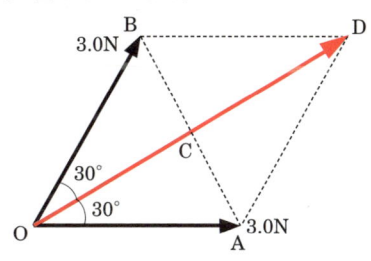

[検討] $OC = x$ とすると，$\triangle AOC$ は $\angle C = 90°$ の直角三角形だから
$$\frac{x}{3.0} = \cos 30°$$
よって，$x = 3.0 \cos 30° = \frac{3\sqrt{3}}{2}$
求める大きさは $2x$ になるから
$$2x = 2 \times \frac{3\sqrt{3}}{2} = 3\sqrt{3} \fallingdotseq 5.2 \text{〔N〕}$$

㉛
[答] x 成分：**4.3 N**，y 成分：**2.5 N**

[検討] x 成分の大きさを F_x，y 成分の大きさを F_y とすると
$$F_x = 5.0 \cos 30° = 5 \times \frac{\sqrt{3}}{2} \fallingdotseq 4.3 \text{〔N〕}$$
$$F_y = 5.0 \sin 30° = 5 \times \frac{1}{2} = 2.5 \text{〔N〕}$$

㉜
[答] x 成分：**20 N**，y 成分：**34 N**

[検討] x 成分の大きさを W_x，y 成分の大きさを W_y とすると
$$W_x = 4.0 \times 9.8 \times \sin 30° = 19.6 \fallingdotseq 20 \text{〔N〕}$$
$$W_y = 4.0 \times 9.8 \times \cos 30° = 39.2 \times \frac{\sqrt{3}}{2}$$
$$\fallingdotseq 34 \text{〔N〕}$$

テスト対策

斜面上の物体にはたらく重力の分解は，運動を学習するうえで大変に大切な考え方である。「運動方程式」などでもよく使う考え方なので，分解のしかたを理解しておくこと。

33
答 (1) **15 N** (2) **3.9 N**
(3) **2.0×10^3 N**

検討 (1) 垂直抗力 N と重力 mg はつり合うから
$N = mg = 1.5 \times 9.8 = 14.7 \fallingdotseq 15$ [N]
(2) 張力 T と重力 mg はつり合うから
$T = mg = 0.40 \times 9.8 = 3.92 \fallingdotseq 3.9$ [N]
(3) 浮力 F と重力 mg はつり合うから
$F = mg = 200 \times 9.8 = 1960 \fallingdotseq 2.0 \times 10^3$ [N]

34
答 (1) **-1.0 N** (2) **3.0 N**
(3) **下図の通り** (4) **3.6 N**

検討 (1) 下図より，$F_{1x} = -1.0$ [N]
(2) $F_{1y} + F_{2y} = 2.0 + 1.0 = 3.0$ [N]
(3)

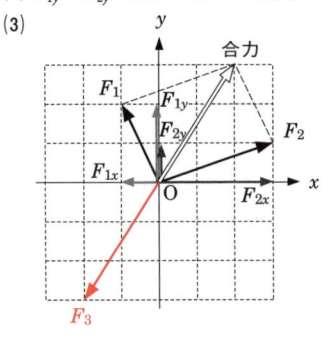

(4) $F_3 = \sqrt{3^2 + 2^2} = \sqrt{13} \fallingdotseq 3.6$ [N]

応用問題 ……… 本冊 p.20

35
答 (1) F_3，F_4，F_5 (2) $F_3 + F_4$ (3) F_3

検討 (1) F_1，F_2 は A にはたらく力，F_3，F_4，F_5 は B にはたらく力，F_6 は机にはたらく力である。
(2) B にはたらく力のベクトル和が 0 になるように考える。
(3) F_2 は B が A を押す力，F_3 は A が B を押す力である。この 2 つの力が，作用・反作用の関係にある。

36
答 (1) **29 N** (2) **0.25 m**

検討 (1) 垂直抗力を N，弾性力を F，重力を mg とすると，**フックの法則**より
$F = kx = 200 \times 0.10 = 20$ [N]
力のつり合いより
$N = mg - F = 5.0 \times 9.8 - 20 = 29$ [N]

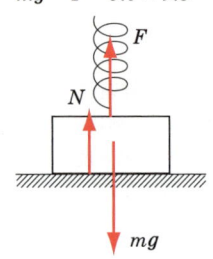

(2) 物体が床から離れるのは，$N = 0$ のときだから，(1)の場合で考えると，$mg = F$
よって，$5.0 \times 9.8 = 200 \times x$
$x = 0.245 \fallingdotseq 0.25$ [m]

37
答 (1) **9.8 N** (2) **4.9 N，斜面下向き**

検討 (1) 物体にはたらく力は，**重力，垂直抗力，摩擦力**の 3 力である。物体は静止しているので，3 力はつり合っている。摩擦力の大きさを f とする。斜面に平行な方向の力のつり合いの式から，
$f = 2.0 \times 9.8 \times \sin 30° = 9.8$ [N]

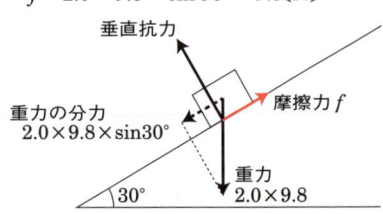

38〜41 の答え　9

(2) 物体にはたらく力は，**重力**，**垂直抗力**，**摩擦力**，**張力**の4力，おもりにはたらく力は，重力，張力の2力である。おもりも物体も静止しているので，はたらいている力はつり合っている。張力の大きさを T とすれば，おもりにはたらく力のつり合いの式から，
$$T = 1.5 \times 9.8 = 14.7 [\mathrm{N}]$$
摩擦力の大きさを f とすると，f は斜面下向きにはたらく。物体にはたらく力の，斜面に平行な方向の力のつり合いの式をつくれば，
$$2.0 \times 9.8 \times \sin 30° + f = T$$
となるので，
$$f = T - 2.0 \times 9.8 \times \sin 30°$$
$$= 14.7 - 9.8 = 4.9 [\mathrm{N}]$$

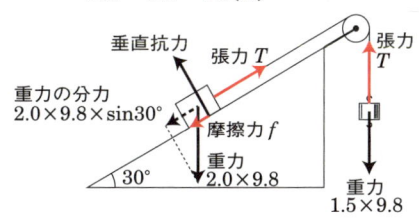

6　運動の法則

基本問題　　　　　　　　　　　本冊 *p.23*

38

|答| ① 慣性　② つり合って
　③ 等速直線　④ 運動　⑤ 運動
　⑥ 作用・反作用

39

|答| (1) 18 N　(2) 0 N　(3) 4.0 m/s²

|検討| (1) $F = ma = 3.0 \times 6.0 = 18 [\mathrm{N}]$
(2) 等速直線運動だから，加速度 $a = 0 \mathrm{m/s^2}$ である。よって，
$$F = ma = 1.5 \times 0 = 0 [\mathrm{N}]$$
(3) $a = \dfrac{F}{m} = \dfrac{20}{5.0} = 4.0 [\mathrm{m/s^2}]$

40

|答| (1) 4.9 N
(2) ① 図の赤の矢印

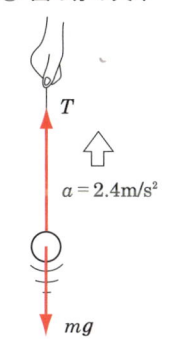

② $0.50 \times 2.4 = T - 0.50 \times 9.8$
③ 6.1 N
(3) 4.9 N　(4) 4.2 N

|検討| (1) 張力 T と重力 mg はつり合うので
$$T = mg = 0.50 \times 9.8 = 4.9 [\mathrm{N}]$$
(2) ① 上向きの加速度で運動しているから，$mg < T$ である。
② **上向きを正として運動方程式を立てる。**
③ ②より
$$T = 0.50 \times 2.4 + 0.50 \times 9.8 = 6.1 [\mathrm{N}]$$
(3) 加速度 a は 0 だから，運動方程式は
$$0.50 \times 0 = T - 0.50 \times 9.8$$
$$T = 4.9 [\mathrm{N}]$$
つまり，静止しているときと同じになる。
(4) 上向きを正とすると加速度
$$a = -1.4 \mathrm{m/s^2}$$
だから，運動方程式は
$$0.50 \times (-1.4) = T - 0.50 \times 9.8$$
$$T = 4.2 [\mathrm{N}]$$

41

|答| 4.9 m/s²

|検討| 斜面に平行な方向の重力の成分は $mg \sin \theta$ だから，加速度を a とすると運動方程式は
$$4.0 \times a = 4.0 \times 9.8 \times \sin 30°$$
よって，$a = 9.8 \times \dfrac{1}{2} = 4.9 [\mathrm{m/s^2}]$

応用問題 .... 本冊 p.24

42

答 (1) 物体 A：$Ma = Mg - T$
物体 B：$ma = T - mg$
(2) $a = \dfrac{M - m}{M + m} g$, $T = \dfrac{2Mm}{M + m} g$

検討 (1) 図の物体 A, B にはたらく力を参考にして運動方程式を立てると
$Ma = Mg - T$ …①
$ma = T - mg$ …②
(2) ①＋②より，
$(M + m)a = (M - m)g$
よって，$a = \dfrac{M - m}{M + m} g$
これを，①式に代入して
$T = Mg - M \times \dfrac{M - m}{M + m} g = \dfrac{2Mm}{M + m} g$

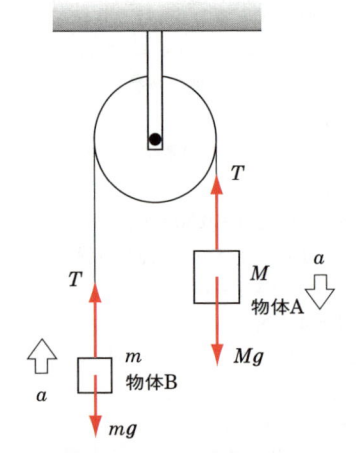

テスト対策

2つの物体が同時に動く場合の運動では，連立方程式を解くことになる。いくつか問題を経験して，慣れておくとよい。問題を解くときには図中に，**必ず力をベクトルで図示**することが大切である。
なお，この問題では物体 A, B は1本の糸でつながっているので，**物体 A, B にはたらく張力は同じ大きさ**であり，両方とも同じ文字 T を用いて表した。

43

答 (1) $2.0\,\text{m/s}^2$ (2) $4.0\,\text{N}$

検討 物体 A には，押す力(6.0 N)と物体 B から f の反作用 $-f$ がはたらく。物体 A, B の運動方程式はそれぞれ
$1.0 \times a = 6.0 - f$ ……①
$2.0 \times a = f$ ……②
①＋②より，$3a = 6$
よって，$a = 2.0\,\text{m/s}^2$
これを②式に代入して
$f = 2 \times 2 = 4.0\,[\text{N}]$

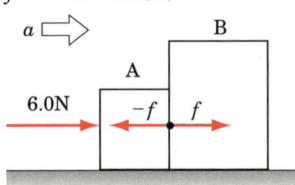

44

答 加速度：$2.5\,\text{m/s}^2$，張力：$15\,\text{N}$

検討 物体 A, B にはたらく力を図に示す。運動する方向の物体 A, B の運動方程式は
$2.0 \times a = T - 2.0 \times 9.8 \times \sin 30°$ …①
$2.0 \times a = 2.0 \times 9.8 - T$ …②
①＋②より，$4a = 9.8$
よって，$a = 2.45 ≒ 2.5\,[\text{m/s}^2]$
これを②に代入して整理すると
$T = 19.6 - 2.0 \times 2.45 = 14.7 ≒ 15\,[\text{N}]$

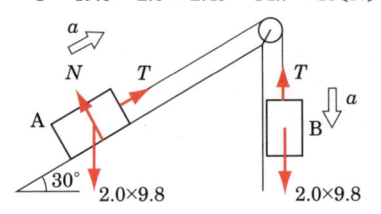

45

答 (1) $2a_2 = a_1$ (2) $2T_1 = T_2$
(3) $a_1 = \dfrac{10}{13} g$, $T_1 = \dfrac{9}{13} mg$

検討 (1) A が l だけ落下する時間を t とすると，等加速度直線運動の式より，A, B の移動距離はそれぞれ

$$l = \frac{1}{2} a_1 t^2$$
$$\frac{l}{2} = \frac{1}{2} a_2 t^2$$

これより，$2a_2 = a_1$

(2) 下の図1より，動滑車にはたらく力のつり合いを考えると，$2T_1 = T_2$

(3) (1), (2)の関係を考えて，図2より運動する方向のおもりA, Bの運動方程式を立てると，方程式はそれぞれ

$$3ma_1 = 3mg - T_1 \quad \cdots\cdots ①$$
$$m \times \frac{a_1}{2} = 2T_1 - mg \quad \cdots\cdots ②$$

① × 2 + ② より

$$6ma_1 + \frac{1}{2}ma_1 = 6mg - mg$$

$$a_1 = \frac{10}{13}g$$

これを①に代入して整理すると

$$T_1 = \frac{9}{13}mg$$

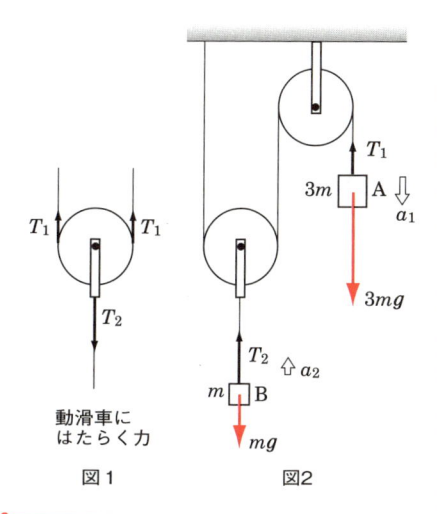

図1　図2

テスト対策

おもりA，Bの加速度が違うのでやや難しいが，加速度や張力の関係がわかれば，他の問題と同じ考え方で対応できる。これが解くことができれば，物理基礎としては十分である。

7 いろいろな力のはたらき

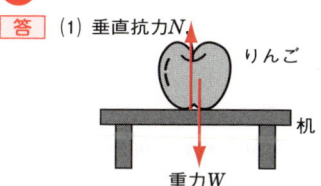

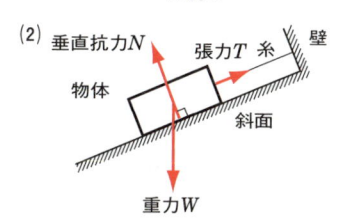

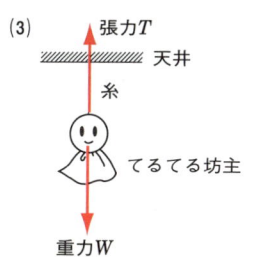

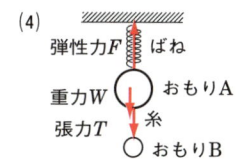

基本問題 ●●●●●●●●●●●●●● 本冊 p.27

46

答 (1) 垂直抗力N，りんご，机，重力W

(2) 垂直抗力N，張力T，糸，壁，物体，斜面，重力W

(3) 張力T，天井，糸，てるてる坊主，重力W

(4) 弾性力F，ばね，重力W，おもりA，張力T，糸，おもりB

検討 (1)〜(4)とも，力のつり合いを考慮して，ベクトルを図示すること。
(1) N と W は同じ大きさ。
(2) $\vec{N} + \vec{T} + \vec{W} = \vec{0}$ となる。ベクトルで考える。
(3) T と W は同じ大きさ。
(4) $\vec{F} + \vec{W} + \vec{T} = \vec{0}$ となる。大きさでは，$F = W + T$

47

答 (1) $20\,\text{N/m}$　(2) $0.20\,\text{m}$

検討 (1) フックの法則より

$$k = \frac{F}{x} = \frac{3.0}{0.15} = 20 \text{[N/m]}$$

(2) おもりにはたらく弾性力 F と重力 mg はつり合うから，$mg = F = kx$

$$0.40 \times 9.8 = 20 \times x$$

よって，$x = 0.196 ≒ 0.20 \text{[m]}$

❹❽

答 $4.9 \times 10^2 \text{N}$

検討 $W = mg = 50 \times 9.8 = 490 \text{[N]}$

❹❾

答 $1.5 \times 10^3 \text{Pa}$

検討 圧力 $= \dfrac{力}{面積}$ である。よって

$$\frac{60 \text{N}}{(0.20 \text{m})^2} = 1500 \text{N/m}^2 = 1.5 \times 10^3 \text{Pa}$$

❺⓿

答 $3.4 \times 10^5 \text{Pa}$

検討 $P = \rho g h = 1.0 \times 10^3 \times 9.8 \times 35$
$= 3.43 \times 10^5 ≒ 3.4 \times 10^5 \text{[Pa]}$

❺❶

答 0.64N

検討 浮力 F は
$F = \rho V g = 1.0 \times 10^3 \times 6.5 \times 10^{-5} \times 9.8$
$= 0.637 ≒ 0.64 \text{[N]}$

応用問題 ………………… 本冊 p.28

❺❷

答 (1) 1.2m (2) 0.60m

検討 (1) おもりにはたらく**重力 mg と弾性力 kx がつり合う**から

$$6.0 \times 9.8 = 49 \times x$$

よって，$x = 1.2 \text{m}$

(2) ばねの一方を，壁につないだときと同じである。一方の 3.0kg のおもりにはたらく重力と弾性力はつり合うので

$$3.0 \times 9.8 = 49 \times x$$

よって，$x = 0.60 \text{m}$

> **テスト対策**
> (2)の考え方は，少し難しいかもしれないが，検討のようになるのだと覚えておくとよい。くわしくは，**作用・反作用と力のつり合いの考え方**を使う。

❺❸

答 (1) 3.9N (2) 0.49N (3) 0.35kg

検討 おもりにはたらく力は，上向きに張力 T，浮力 F，下向きに重力 W である。また，力の大きさの関係は $T + F = W$ である。

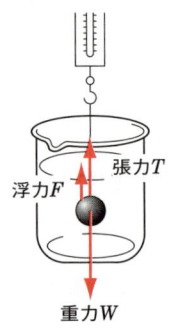

(1) 水中でも重力は変化しないので重力 W は，
$W = mg = 0.40 \times 9.8 = 3.92 ≒ 3.9 \text{[N]}$

(2) 浮力 F は
$F = \rho V g$
$= 1.0 \times 10^3 \times 5.0 \times 10^{-5} \times 9.8$
$= 0.49 \text{[N]}$

(3) ばねはかりの表示は，張力 T の大きさに等しい。

$T = W - F = 3.92 - 0.49 = 3.43 \text{[N]}$

よって，$3.43 \div 9.8 = 0.35 \text{[kg]}$

❺❹

答 (1) $\dfrac{2W}{k}$ (2) $\dfrac{W}{2k}$

検討 (1) ばね A, B のどちらにもおもりにはたらく重力 W と同じ大きさの力がはたらき，それぞれのばねの伸びは等しくなる。この伸びを x_1 とすると

$$W = kx_1 \text{ より } x_1 = \frac{W}{k}$$

よって，全体の伸びは

$$2x_1 = 2 \times \frac{W}{k} = \frac{2W}{k}$$

(2) それぞれのばねを $\frac{W}{2}$ の力で引くことになるから，ばねの伸び x_2 は

$$\frac{W}{2} = kx_2 \text{ より } x_2 = \frac{W}{2k}$$

> **テスト対策**
>
> ばね定数 k_1, k_2 の2つのばねを連結したばねのばね定数 k は，
> 直列に連結した場合 $\dfrac{1}{k} = \dfrac{1}{k_1} + \dfrac{1}{k_2}$
> 並列に連結した場合 $k = k_1 + k_2$

55

答 (1) $\rho L^3 g$ (2) $(\rho L^3 - M)g$

検討 (1) $F = \rho V g$ より，物体にはたらく浮力の大きさは，$\rho L^3 g$ である。

(2) 物体には，重力，浮力，張力の3力がはたらき，力はつり合っているので，張力の大きさを T として，力のつり合いの式をつくれば，

$$Mg + T = \rho L^3 g$$

となり，

$$T = \rho L^3 g - Mg = (\rho L^3 - M)g$$

56

答 (1) 上面：$P_0 + \rho_0 gh$, 底面：$P_0 + \rho_0 g(l+h)$

(2) 物体が液体から受ける力が浮力であるから，液体から受ける力の合力 F を求める。物体の側面から受ける力の合力は 0 であるから，上面と底面に受ける力を考える。浮力は上向きなので，上向きを正とすれば，

$$F = \{P_0 + \rho_0 g(l+h)\}S - (P_0 + \rho_0 gh)S$$
$$= \rho_0 Slg$$

となる。Sl は物体の体積であるから，浮力の大きさは「**物体が入ったことで押しのけられた液体が受けていた重力の大きさに等しい**」ことがわかる。

検討 (1) 物体の上面に乗っている液体の柱を考える。液体の柱は静止しているので，液体の柱にはたらいている力はつり合っている。液体の柱には，液体の柱にはたらく重力と，液体の柱の上面が大気から受ける力，液体の柱の下面が物体から受ける力，液体の柱の側面が液体から受ける力がはたらき，**柱の側面が液体から受ける力の合力は 0** である。作用反作用の法則を考えれば，液体の下面が受ける力は，物体の上面が受ける力と大きさが等しく向きが反対である。物体上面にかかる圧力を P_1 とすれば，液体の柱下面にはたらく力の大きさは $P_1 S$ である。液体の柱上面にはたらく力の大きさは $P_0 S$, 液体の柱にはたらく重力の大きさは，$\rho_0 Shg$ であるから，液体の柱にはたらく力のつり合いの式は，

$$P_1 S = P_0 S + \rho_0 Shg$$

となり，

$$P_1 = P_0 + \rho_0 gh$$

と求められる。この式から，**液体の圧力は深さのみによって決まる**ことがわかるので，物体の底面にかかる圧力 P_2 は，

$$P_2 = P_0 + \rho_0 g(l+h)$$

> **テスト対策**
>
> 密度が ρ [kg/m^3] で体積が V [m^3] の物質の質量 m [kg] は，
> $$m = \rho V$$
> で与えられる。密度の定義が，単位体積あたりの質量であることからも，導くことができる。定義をしっかり頭に入れておこう。

57

答 (1) 6.66×10^4 Pa (2) 0.758 m

検討 (1) 高さ 0.500 m の水銀の柱を考えると，水銀の柱にはたらく力はつり合っている。水銀の柱の下面にかかる圧力は，山頂付近における気圧 P に等しいので，水銀の柱の断面積を S として，水銀の柱にはたらく力のつり合いの式をつくれば，

$$PS = 1.36 \times 10^4 \times S \times 0.500 \times 9.80$$

となるので，

$$P = 1.36 \times 10^4 \times 0.500 \times 9.80$$
$$= 6.66 \times 10^4 \text{ [Pa]}$$

(2) 下山した地表での水銀柱の高さを h とし，水銀の柱にはたらく力のつり合いの式をつくれば，
$$1.01 \times 10^5 \times S = 1.36 \times 10^4 \times Sh \times 9.80$$
となるので，
$$h = \frac{1.01 \times 10^5}{1.36 \times 10^4 \times 9.80} = 0.758 [\text{m}]$$

【補足】 問題に与えられている数値が，有効数字3桁なので，答えも有効数字3桁にした。

8 いろいろな力による等加速度運動

基本問題 ……………… 本冊 p.30

58

答 (1) **6.0 N** (2) **0.51**

検討 (1) 引く力 6.0 N は，最大摩擦力より小さいので，静止摩擦力と引く力はつり合う。したがって，静止摩擦力は 6.0 N である。
(2) 最大摩擦力は $F_{\max} = 10$ N で，垂直抗力 N は重力とつり合うので
$$N = 2.0 \times 9.8 = 19.6 [\text{N}]$$
よって，$\mu = \dfrac{F_{\max}}{N} = \dfrac{10}{19.6} \fallingdotseq 0.51$

59

答 **$\tan \theta$**

検討 一定の速さで滑りおりているとき，斜面に平行な方向の重力の成分と動摩擦力はつり合っているので，動摩擦係数を μ' とすると
$$mg \sin \theta = \mu' mg \cos \theta$$
$$\mu' = \frac{\sin \theta}{\cos \theta} = \tan \theta$$

60

答 最大摩擦力の大きさを F_0，垂直抗力の大きさを N，重力加速度の大きさを g とすると
斜面に平行な方向の力のつり合いより
$$F_0 - mg \sin \theta_0 = 0 \quad \cdots\cdots ①$$
斜面に垂直な方向の力のつり合いより
$$N - mg \cos \theta_0 = 0 \quad \cdots\cdots ②$$
また，
$$F_0 = \mu N \quad \cdots\cdots ③$$
①〜③から
$$\mu mg \cos \theta_0 = mg \sin \theta_0$$
よって，$\mu = \dfrac{\sin \theta_0}{\cos \theta_0} = \tan \theta_0$

検討 下図を参照すること。

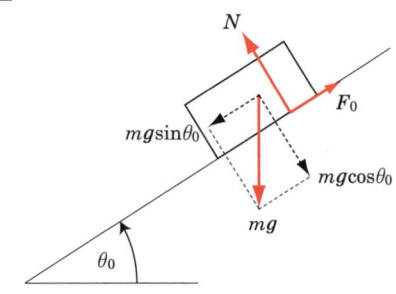

61

答 **4.9×10^{-7} kg/s**

検討 $mg = kv$ より
$$4.0 \times 10^{-7} \times 9.8 = k \times 8.0$$
$$k = \frac{4.0 \times 10^{-7} \times 9.8}{8.0} = 4.9 \times 10^{-7} [\text{kg/s}]$$

応用問題 ……………… 本冊 p.31

62

答 (1) 加速度：**2.8 m/s^2**，張力：**14 N**
(2) **0.40**
(3) 加速度：**2.5 m/s^2**，張力：**22 N**

検討 (1) 加速度の大きさを a，張力の大きさを T として，運動する方向の物体 A と，おもり B について運動方程式を立てると，それぞれ
$$5.0 \times a = T \quad \cdots\cdots ①$$
$$2.0 \times a = 2.0 \times 9.8 - T \quad \cdots\cdots ②$$
①＋②より
$$(5.0 + 2.0) \times a = 2.0 \times 9.8$$
よって，
$$a = \frac{19.6}{7.0} = 2.8 [\text{m/s}^2]$$
これを①に代入して
$$T = 5.0 \times 2.8 = 14 [\text{N}]$$

63〜**64** の答え　**15**

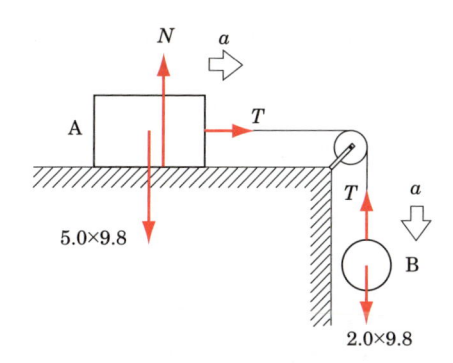

(2) このとき，**物体Aでは，最大摩擦力と張力がつり合い，おもりBでは張力と重力がつり合う**。静止摩擦係数をμとすると
　　$\mu \times 5.0 \times 9.8 = 2.0 \times 9.8$
よって，$\mu = 0.40$

(3) 加速度の大きさをa', 張力の大きさをT', 物体Aの垂直抗力をNとして，運動する方向の物体Aとおもり Bについて運動方程式を立てると，それぞれ
　　$5.0 \times a' = T' - 0.20N$ ……①
　　$3.0 \times a' = 3.0 \times 9.8 - T'$ ……②
また，物体Aの鉛直方向の力のつり合いの関係は
　　$N = 5.0 \times 9.8$ ……③
③を①に代入して，①＋②を求めると，
　　$(5.0 + 3.0) \times a' = 3.0 \times 9.8 - 0.20 \times 5.0 \times 9.8$
よって，$a' = 2.45 ≒ 2.5 \text{[m/s}^2\text{]}$
これを②に代入して
　　$3.0 \times 2.45 = 3.0 \times 9.8 - T'$
　　$T' = 22.05 ≒ 22 \text{[N]}$

> 📝 **テスト対策**
> (1)は摩擦のない場合，(3)は摩擦のある場合である。このときは，鉛直方向の力のつり合いの式も必要になる。

63

答　(1) $(\sin\theta - \mu')\dfrac{g}{2}$

　　(2) $(\sin\theta + \mu')\dfrac{mg}{2}$

検討　(1) 加速度の大きさをa, 張力の大きさをT, 面AB上の物体の垂直抗力の大きさをNとすると，2つの物体の運動する方向の運動方程式はそれぞれ
　　$ma = T - \mu'N$ ……①
　　$ma = mg\sin\theta - T$ ……②
また，面AB上の物体の鉛直方向の力のつり合いの式は
　　$N = mg$ ……③
③を①に代入して，①＋②を求めると，
　　$2ma = mg\sin\theta - \mu'mg$
よって，$a = (\sin\theta - \mu')\dfrac{g}{2}$

(2) (1)の結果を②に代入して
　　$m(\sin\theta - \mu')\dfrac{g}{2} = mg\sin\theta - T$
よって，$T = (\sin\theta + \mu')\dfrac{mg}{2}$

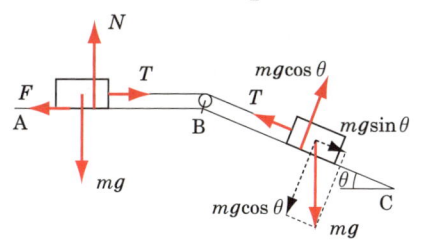

64

答　(1) 0　(2) $\dfrac{m}{M+m}F$　(3) mg

検討　(1) 垂直抗力の大きさをNとすると，おもりの運動方程式は
　　$mg = mg - N$
よって，$N = 0$

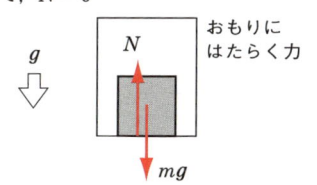

(2) 垂直抗力の大きさをN，加速度の大きさをaとすると，箱，おもりの運動方程式はそれぞれ
　　$Ma = Mg + N - F$ ……①
　　$ma = mg - N$ ……②

①，②より a を消去して整理すると
$$N = \frac{m}{M+m}F$$

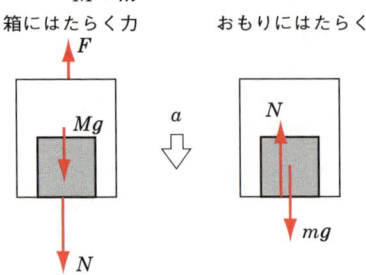

箱にはたらく力　おもりにはたらく力

(3) (1)と同様にして，おもりの運動方程式は
$$m \times 0 = mg - N$$
$$N = mg$$

テスト対策

(2)のように，2つの物体が接触している場合，各物体にはたらく力を，別々に図をかいて，そこにかき込むとわかりやすい。図はフリーハンドでかけるようにしておこう。

9 仕事と力学的エネルギー

基本問題　本冊 p.34

65

答 (1) 2.0×10^2 J　(2) 0 J
(3) 0 J　(4) -78 J

検討 (1) $W = Fx = 40 \times 5.0 = 2.0 \times 10^2$ [J]

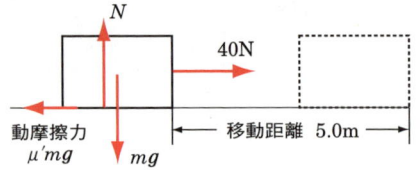

(2) 重力 mg と移動方向のなす角度は 90° である。
よって，$W = mgx \cos 90° = 0$
(3) 垂直抗力 N も重力と同じで，移動方向とのなす角の大きさは 90° なので仕事をしない。
(4) 動摩擦力の大きさは
$f' = \mu' mg = 0.20 \times 8.0 \times 9.8 = 15.68$ [N]
移動方向と逆向きなので仕事は，
$W = (-f')x = -15.68 \times 5.0 \fallingdotseq -78$ [J]

テスト対策

① 物体の移動方向と垂直な向きにはたらく力がする仕事は
$W = Fx \cos 90° = 0$
② 物体の移動方向と逆向きにはたらく力がする仕事は
$W = Fx \cos 180° = -Fx$

66

答 (1) 20 J　(2) 9.8 J　(3) 6.9 J

検討 (1) $W = 5.0 \times 4.0 = 20$ [J]
(2) 上向きに大きさ mg の力で持ち上げる仕事なので
$W = mgx = 2.0 \times 9.8 \times 0.50 = 9.8$ [J]
(3) 力と移動方向のなす角の大きさが 30° だから
$W = Fx \cos \theta = 4.0 \times 2.0 \times \cos 30°$
$= 8 \times \frac{\sqrt{3}}{2} \fallingdotseq 6.9$ [J]

67

答 (1) 2.2×10^3 W　(2) 9.8×10^4 W
(3) 2.4 kWh，8.6×10^6 J

検討 (1) $P = \dfrac{W}{t} = \dfrac{mgx}{t} = \dfrac{300 \times 9.8 \times 15}{20}$
$= 2.2 \times 10^3$ [W]

(2) $P = \dfrac{Fx}{t} = Fv = mgv = 2000 \times 9.8 \times 5.0$
$= 9.8 \times 10^4$ [W]

(3) $W = Pt = 0.100$ kW $\times 24$ h
$= 2.4$ kWh
$= 100$ W $\times 24 \times 60 \times 60$ s
$\fallingdotseq 8.6 \times 10^6$ J

68

答 (1) mgh　(2) $\dfrac{h}{\sin \theta}$
(3) $mg \sin \theta$

検討 (1) 重力にさからってされた仕事 W は，**仕事の原理**により，斜面を使っても，直接持ち上げても変わらないので
$$W = mg \times h = mgh$$
(2) 下の図の斜面で $l \sin \theta = h$ より，$l = \dfrac{h}{\sin \theta}$

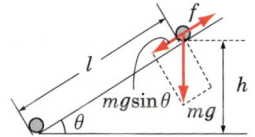

(3) 求める外力の大きさを f とすると，**仕事の原理**より
$$mgh = fl = f \times \dfrac{h}{\sin \theta}$$
よって，$f = mg \sin \theta$

【別解】 重力の斜面方向の分力より
$$f = mg \sin \theta$$

69
答 (1) 2.7×10^4 J　(2) 0.50 m/s

検討 (1) $\dfrac{1}{2} mv^2 = \dfrac{1}{2} \times 60 \times 30^2 = 2.7 \times 10^4$ 〔J〕

(2) $\dfrac{1}{2} \times 2.4 \times v^2 = 0.30$ より，$v^2 = 0.25$
よって，$v = 0.50$ m/s

70
答 (1) 2.0×10^2 N/m　(2) 4.0 J
(3) 4.0 J　(4) 12 J

検討 (1) グラフから，$F = 80$ N のとき，$x = 0.40$ m である。これを**フックの法則** $F = kx$ に代入する。

(2) 下の図の斜線部分が，外力の行った仕事になる。

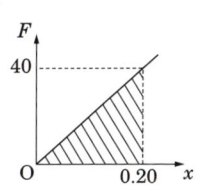

(3) (2)と等しくなる。
(4) 求める仕事の大きさは，F-x グラフで，$x = 0.20$，$x = 0.40$，x 軸および直線 $F = 200x$

で囲まれた部分の面積になる。

71
答 (1) 2.0×10^3 J　(2) -2.5×10^2 J
(3) -7.4×10^2 J

検討 (1) 基準点からの高さが 10 m である。よって，
$$20 \times 9.8 \times 10 = 1960$$
$$\fallingdotseq 2.0 \times 10^3 \text{〔J〕}$$
(2) 基準点からの高さは -5.0 m であるから
$$5.0 \times 9.8 \times (-5.0) = -245$$
$$\fallingdotseq -2.5 \times 10^2 \text{〔J〕}$$
(3) 基準点からの高さは $(-5.0 - 10)$ m であるから
$$5.0 \times 9.8 \times (-5.0 - 10) = -735$$
$$\fallingdotseq -7.4 \times 10^2 \text{〔J〕}$$

72
答 5.0 m/s

検討 初速度を v，求める速度を v' とする。エネルギーの原理より
$$\dfrac{1}{2} mv'^2 - \dfrac{1}{2} mv^2 = W$$
$$v'^2 = \dfrac{2W}{m} + v^2$$
$$= \dfrac{2 \times 16}{2.0} + 3.0^2 = 25$$
よって，$v' = 5.0$ m/s

テスト対策

エネルギーの原理は次のように考えてもよい。
$$K_1 + W = K_2$$
ここで，K_1 は物体が最初にもっていた運動エネルギー，K_2 は物体が外部から仕事をされたあとにもっている運動エネルギーである。また，W は外力が物体にした仕事（物体がされた仕事）である。**摩擦力の場合は $W < 0$ となることに注意。**

応用問題　　　　　　　　　本冊 p.37

73

答　(1) $\mu mg \cos\theta$

(2) $\sqrt{\dfrac{2gh(\sin\theta - \mu\cos\theta)}{\sin\theta}}$

(3) 重力のする仕事：mgh

摩擦力のする仕事：$-\dfrac{\mu mgh \cos\theta}{\sin\theta}$

垂直抗力のする仕事：0

検討　(1) 図より動摩擦力 $f' = \mu mg \cos\theta$

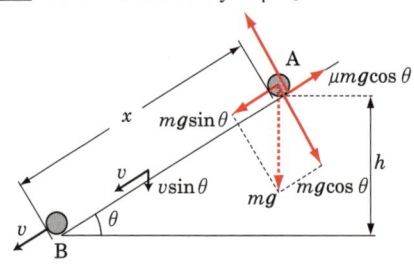

(2) 物体にはたらく力より運動方程式は

$ma = mg\sin\theta - \mu mg\cos\theta$

よって，$a = g(\sin\theta - \mu\cos\theta)$

斜面を滑りおりた距離を x とすると

$x = \dfrac{h}{\sin\theta}$ ……①

また

$2ax = v^2 - 0^2$ ……②

であるから，①，②より

$v = \sqrt{2ax} = \sqrt{\dfrac{2gh(\sin\theta - \mu\cos\theta)}{\sin\theta}}$

(3) 重力のする仕事は，下方向に h だけの移動なので

$mg \times h = mgh$

摩擦力のする仕事 W は

$W = -f'x = -\mu mg\cos\theta \times \dfrac{h}{\sin\theta}$

$= -\dfrac{\mu mgh \cos\theta}{\sin\theta}$

垂直抗力と物体の移動方向は 90°の角をなすので，仕事は 0 である。

74

答　(1) $-\mu mgv \cos\theta$ 〔J/s〕　(2) $\tan\theta$

(3) $\mu mgv \cos\theta$ 〔J/s〕　(4) $mgv \sin\theta$ 〔J/s〕

検討　(1) 物体が斜面から受ける垂直抗力を N，動摩擦力の大きさを f とすれば

$f = \mu N = \mu mg \cos\theta$

である。物体は v〔m/s〕で移動するから，毎秒あたりの動摩擦力がする仕事は

$-fv = -\mu mgv \cos\theta$

(2) 斜面に沿った方向は等速直線運動なので，動摩擦力の大きさと重力の斜面方向の成分が等しい。よって

$\mu mg \cos\theta = mg \sin\theta$

$\mu = \tan\theta$

(3) 摩擦力のする仕事がすべて熱エネルギーに変わるので，これは(1)の毎秒あたりの仕事の大きさと同じである。

(4) 速度の鉛直方向の成分は $v\sin\theta$ である。よって，重力による毎秒あたりの仕事は

$mg \times v\sin\theta$

である。

75

答　(1) $\dfrac{g}{2}$　(2) $2mgx$　(3) $\sqrt{gx}$

検討　(1) 張力の大きさを T，加速度の大きさを a として A, B について運動方程式を立てると

A：$ma = T - mg$

B：$3ma = 3mg - T$

これを a と T の連立方程式として解く。

$4ma = 2mg$　　$a = \dfrac{g}{2}$

(2) 重力がおもりにする仕事は

$3mgx + mg(-x) = 2mgx$

(3) $v^2 = 2ax = gx$ より，$v = \sqrt{gx}$

76

答　(1) **0.16 J**　(2) **0.16 J**　(3) **0 J**

(4) **0.16 J** (5) **0.16 J** (6) **0.80 m/s**

検討 (1) ばねに蓄えられた弾性力による位置エネルギーが，手がばねにした仕事である。
$$\frac{1}{2} \times 32 \times 0.10^2 = 0.16 \text{ (J)}$$
(2) 弾性力による位置エネルギーの分だけ弾性力が仕事をする。これは(1)と同じになる。
(3) 重力は物体の運動と垂直な向きにはたらくので，仕事は 0 である。
(4) 物体にはたらく力は，**弾性力**，**重力**，**垂直抗力**である。垂直抗力も移動方向と垂直なため仕事をしない。よって，物体にはたらく力のする仕事は，弾性力がする仕事だけとなる。
(5) **物体はされた仕事の分だけ運動エネルギーが増える**ので 0.16 J となる。
(6) 物体の速さを v として，
$$\frac{1}{2} \times 0.50 \times v^2 = 0.16$$
よって，$v = 0.80 \text{ m/s}$

77

答 (1) $\dfrac{mg \sin \theta}{k}$ (2) $\dfrac{m^2 g^2 \sin^2 \theta}{2k}$

(3) $\dfrac{m^2 g^2 \sin^2 \theta}{k}$

検討 (1) 斜面に平行にばねを引く力は
$$mg \sin \theta$$
である。ばねの伸びを x とすると，
$$kx = mg \sin \theta$$
$$x = \frac{mg \sin \theta}{k}$$
(2) 求める位置エネルギーを U とすると
$$U = \frac{1}{2}kx^2 = \frac{1}{2}k\left(\frac{mg \sin \theta}{k}\right)^2$$
$$= \frac{m^2 g^2 \sin^2 \theta}{2k}$$
(3) 物体の高さは $x \sin \theta$ だけ減少する。
$$x \sin \theta = \frac{mg \sin \theta}{k} \times \sin \theta = \frac{mg \sin^2 \theta}{k}$$
よって，エネルギーの減少は
$$mg \times x \sin \theta = \frac{m^2 g^2 \sin^2 \theta}{k}$$

78

答 (1) $7.5 \times 10^4 \text{ J}$ (2) $-7.5 \times 10^4 \text{ J}$
(3) $6.3 \times 10^3 \text{ N}$ (4) **4 倍**

検討 (1) 求める運動エネルギーを K とすれば
$$K = \frac{1}{2}mv^2 = \frac{1}{2} \times 1.5 \times 10^3 \times 10^2$$
$$= 7.5 \times 10^4 \text{ (J)}$$
(2) 運動エネルギーの変化量が動摩擦力のした仕事なので，
$$W = 0 - \frac{1}{2}mv^2 = -7.5 \times 10^4 \text{ (J)}$$
(3) 車は，ブレーキをかける直前までもっていた運動エネルギーを，ブレーキをかけはじめてから静止するまでに失う。この失われたエネルギーは，ブレーキをかけている間の動摩擦力がした仕事の大きさに等しい。動摩擦力を f，静止するまでの距離を x とすれば
$$fx = \frac{1}{2}mv^2$$
より
$$f = \frac{mv^2}{2x} = \frac{1.5 \times 10^3 \times 10^2}{2 \times 12}$$
$$\fallingdotseq 6.3 \times 10^3 \text{ (N)}$$
(4) **速さが 2 倍になると運動エネルギーは 4 倍になるので，仕事も 4 倍となる。動摩擦力 f は変わらないので，停止距離は 4 倍になる。**

79

答 (1) $1.6 \times 10^3 \text{ J}$ (2) $-1.6 \times 10^3 \text{ J}$
(3) **4 cm**

検討 (1) $20 \text{ g} = 2.0 \times 10^{-2} \text{ kg}$ であることに注意する。運動エネルギー K は
$$K = \frac{1}{2}mv^2 = \frac{1}{2} \times 2.0 \times 10^{-2} \times 400^2$$
$$= 1.6 \times 10^3 \text{ (J)}$$
(2) **エネルギーの原理**より，抵抗力のした仕事 W は
$$W = 0 - \frac{1}{2}mv^2 = -1.6 \times 10^3 \text{ (J)}$$
(3) 抵抗力を F，めり込んだ距離を x とすると，抵抗力のする仕事は Fx で表される。速度が半分なので，運動エネルギーは $\dfrac{1}{4}$ 倍，

抵抗力のする仕事も $\frac{1}{4}$ 倍となる。抵抗力は不変なので、めり込んだ距離は $16\mathrm{cm}$ の $\frac{1}{4}$ 倍で、$4\mathrm{cm}$ となる。

10 力学的エネルギー保存の法則

基本問題　　　　　　　本冊 p.40

⑧⓪

答　(1) $20\mathrm{J}$　(2) $14\mathrm{m/s}$

検討　(1) $mgh = 0.20 \times 9.8 \times 10 = 19.6 \fallingdotseq 20 \mathrm{[J]}$
(2) 地表に落下する直前では、(1)で求めた位置エネルギーがすべて運動エネルギーに変化したと考えればよい。地表に落下する直前の速さを v とすれば、$mgh = \frac{1}{2}mv^2$

よって
$$v = \sqrt{2gh} = \sqrt{2 \times 9.8 \times 10}$$
$$= \sqrt{196} = 14\mathrm{[m/s]}$$

⑧①

答　(1) $2.0 \times 10^2\mathrm{J}$　(2) $mgh + \frac{1}{2}mv^2$
(3) $10\mathrm{m}$　(4) $14\mathrm{m/s}$

検討　(1) 投げ上げた直後で考えればよい。位置エネルギーは、$mgh = 2.0 \times 9.8 \times 0 = 0\mathrm{[J]}$
運動エネルギーは
$$\frac{1}{2}mv^2 = \frac{1}{2} \times 2.0 \times 14^2 = 196\mathrm{[J]}$$
求める力学的エネルギーは
$$mgh + \frac{1}{2}mv^2 = 0 + 196 = 196$$
$$\fallingdotseq 2.0 \times 10^2\mathrm{[J]}$$
(3) **最高点での物体の速さは 0** である。**力学的エネルギー保存の法則**より
$$mgH + \frac{1}{2}m \times 0^2 = 196$$
よって、$H = \dfrac{196}{2.0 \times 9.8} = 10\mathrm{[m]}$
(4) 求める速さを v とする。**力学的エネルギー保存の法則**より
$$\frac{1}{2}mv^2 + mg \times 0 = 196$$

よって、$v^2 = 196$　　$v = 14\mathrm{m/s}$
【注意】　速度であれば、下向きなので $-14\mathrm{m/s}$ である。速さは向きを考えず、大きさのみであるから $14\mathrm{m/s}$ である。

⑧②

答　(1) $mgH + \frac{1}{2}mv_0^2$
(2) $\sqrt{2gH + v_0^2}$

検討　(2) 地表に到達する直前の速さを v とすると、**力学的エネルギー保存の法則**より
$$mgH + \frac{1}{2}mv_0^2 = mg \times 0 + \frac{1}{2}mv^2$$
これを解いて、$v = \sqrt{2gH + v_0^2}$

⑧③

答　(1) $mgh + \frac{1}{2}mv^2$
(2) $\sqrt{2gH + v_0^2}$

検討　(2) **力学的エネルギー保存の法則**より
$$mgH + \frac{1}{2}mv_0^2 = mg \times 0 + \frac{1}{2}mv^2$$
これを解いて、$v = \sqrt{2gH + v_0^2}$
【注意】　地表に到達するときの物体の速さは、高さと v_0 によって決まり、投げ出す角度 θ によらない。

⑧④

答　(1) $\frac{1}{2}kx_0^2$　(2) $x_0\sqrt{\dfrac{k}{m}}$
(3) $x_0 > \sqrt{\dfrac{2mgh}{k}}$　(4) $\sqrt{\dfrac{m(2gh + v_2^2)}{k}}$

検討　(2) **力学的エネルギー保存の法則**より
$$\frac{1}{2}kx_0^2 = \frac{1}{2}mv_1^2$$
よって、$v_1 = x_0 \sqrt{\dfrac{k}{m}}$
(3) C を越えたあとの速さを v_2 とする。**力学的エネルギー保存の法則**より
$$\frac{1}{2}kx_0^2 = mgh + \frac{1}{2}mv_2^2$$
C を越えて進むためには
$$\frac{1}{2}mv_2^2 = \frac{1}{2}kx_0^2 - mgh > 0$$

でなければならない。

よって，$\frac{1}{2}kx_0^2 > mgh$

これを解いて，$x_0 > \sqrt{\dfrac{2mgh}{k}}$

(4) 力学的エネルギー保存の法則より
$$\frac{1}{2}kx_0^2 = mgh + \frac{1}{2}mv_2^2$$

これより，$x_0 = \sqrt{\dfrac{m(2gh+v_2^2)}{k}}$

85

答 (1) $mgl(1-\cos\theta)$
(2) $\sqrt{2gl(1-\cos\theta)}$

検討 (1) 角 θ の位置でのおもりの高さを h とすると，図から
$$h = l(1-\cos\theta)$$

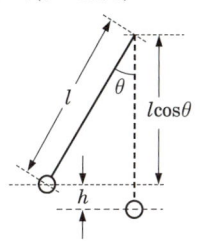

おもりのもつ力学的エネルギーは高さ h における位置エネルギーの大きさに等しいから
$$mgh = mgl(1-\cos\theta)$$

(2) 最下点での速さを v とすると，**力学的エネルギー保存の法則**より
$$mgl(1-\cos\theta) = mg \times 0 + \frac{1}{2}mv^2$$

$v > 0$ であるから，$v = \sqrt{2gl(1-\cos\theta)}$

86

答 2.8 m/s

検討 **力学的エネルギー保存の法則**より，B 点を位置エネルギーの基準として
$$mgh = \frac{1}{2}mv^2$$
$$v = \sqrt{2gh} = \sqrt{2 \times 9.8 \times 0.40}$$
$$= \sqrt{7.84} ≒ 2.8 \text{(m/s)}$$

[別解] エネルギーの原理より，重力による仕事が運動エネルギーになるので，
$$mgh = \frac{1}{2}mv^2 \text{としてもよい。}$$

【注意】 物体にはたらく力は垂直抗力と重力である。垂直抗力は常に面に垂直にはたらき，物体の移動方向（接線方向）と 90° の角をなすので仕事をしない。**重力による位置エネルギーは高さだけで決まる。**

87

答 (1) $\sqrt{2gh}$ (2) $\sqrt{\dfrac{2gh(\sin\theta - \mu\cos\theta)}{\sin\theta}}$
(3) $-\dfrac{\mu mgh\cos\theta}{\sin\theta}$

検討 (1) **力学的エネルギー保存の法則**より
$$mgh = \frac{1}{2}mv^2$$

これを解いて，$v = \sqrt{2gh}$

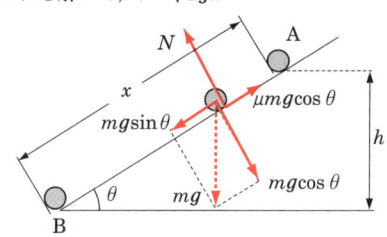

(2) **エネルギーの原理**より，重力および動摩擦力のした仕事が運動エネルギーの変化になる。動摩擦力 f の大きさは
$$f = \mu mg\cos\theta$$
斜面方向の移動距離を x とすると
$$x = \frac{h}{\sin\theta}$$
である。最下点の物体の速さを v とすれば
$$mgh - \mu mg\cos\theta \times \frac{h}{\sin\theta} = \frac{1}{2}mv^2$$
これを解いて
$$v = \sqrt{\frac{2gh(\sin\theta - \mu\cos\theta)}{\sin\theta}}$$

(3) 求める仕事は(2)より $-fx$ である。
よって
$$-fx = -\mu mg\cos\theta \times \frac{h}{\sin\theta}$$
$$= -\frac{\mu mgh\cos\theta}{\sin\theta}$$

88

答 (1) $\dfrac{1}{2}mv_0^2$ (2) $\sqrt{2gR}$

検討 (1) 力学的エネルギーは保存される。
(2) 力学的エネルギー保存の法則より
$$\dfrac{1}{2}m \times (\sqrt{6gR})^2 = mg \times 2R + \dfrac{1}{2}mv_1^2$$
$$v_1^2 = 2gR$$
$$v_1 = \sqrt{2gR}$$

89

答 (1) **2.0 J** (2) **0.20 m** (3) **1.0 m/s**

検討 (1) 弾性エネルギーは
$$\dfrac{1}{2}kx^2 = \dfrac{1}{2} \times 100 \times (-0.20)^2 = 2.0 \text{[J]}$$

(2) **力学的エネルギー保存の法則**より，弾性エネルギーと運動エネルギーの和が，(1)で求めた弾性エネルギーになる。ばねの伸びが最大となるとき，物体の速さは0だから，最大の伸びを $x_{\max}$ とすると
$$2.0 = \dfrac{1}{2}kx_{\max}^2 + \dfrac{1}{2}m \times 0^2$$
$$2.0 = 50x_{\max}^2$$
よって，$x_{\max}^2 = 0.04$
$x_{\max} = 0.20 \text{m}$ （伸びだから $x_{\max} > 0$）

(3) 自然長だから伸びは0である。このときの速さを v とすれば，**力学的エネルギー保存の法則**より
$$2.0 = \dfrac{1}{2}kx^2 + \dfrac{1}{2}mv^2$$
$$2.0 = \dfrac{1}{2}k \times 0^2 + \dfrac{1}{2} \times 4.0 \times v^2$$
$$2.0 = 2.0v^2$$
$$v^2 = 1.0$$
$$v = 1.0 \text{m/s}$$

90

答 (1) **0** (2) $l\sqrt{\dfrac{k}{m+M}}$ (3) $l\sqrt{\dfrac{m}{m+M}}$

検討 (1) ボールおよび板の速さが最大になるのは，自然長の位置である。板はばねに固定されているのでばねが伸びると減速される。ばねが伸びると，ボールは固定されていないので板から離れて等速直線運動をする。

(2) 自然長での速さを v とする。**力学的エネルギー保存の法則**より
$$\dfrac{1}{2}kl^2 = \dfrac{1}{2}(m+M)v^2$$
これを解いて，$v = l\sqrt{\dfrac{k}{m+M}}$

(3) 最大の伸びを L とする。このときの弾性エネルギーは，$\dfrac{1}{2}kL^2$
自然長での板のもつ運動エネルギーは
$$\dfrac{1}{2}m \times \left(l\sqrt{\dfrac{k}{m+M}}\right)^2 = \dfrac{1}{2}kl^2 \times \dfrac{m}{m+M}$$
力学的エネルギー保存の法則より
$$\dfrac{1}{2}kL^2 = \dfrac{1}{2}kl^2 \times \dfrac{m}{m+M}$$
これから，$L^2 = l^2 \times \dfrac{m}{m+M}$
よって，$L = l\sqrt{\dfrac{m}{m+M}}$

> **テスト対策**
> ばねによる物体の運動で，**速さが最大になるのは，つり合いの位置**である。これは，ばねが水平に置かれていれば自然長の位置になる。

応用問題 ……… 本冊 p.45

91

答 (1) $\dfrac{1}{2}mv_0^2$ (2) $v_0\cos\theta$ (3) $\dfrac{v_0^2\sin^2\theta}{2g}$

検討 (1) 力学的エネルギー保存の法則より，地表と最高点での力学的エネルギーは等しい。

(2) 斜方投射なので，**最高点で鉛直方向の速度成分は0，水平方向の速度成分は $v_0\cos\theta$** である。

(3) 最高点の高さを H とすると，**力学的エネルギー保存の法則**より
$$\dfrac{1}{2}mv_0^2 = mgH + \dfrac{1}{2}m(v_0\cos\theta)^2$$
これを解いて
$$H = \dfrac{v_0^2(1-\cos^2\theta)}{2g} = \dfrac{v_0^2\sin^2\theta}{2g}$$

92

[答] (1) $\sqrt{2gh}$ (2) $2h$
(3) $\dfrac{2h}{1+\sqrt{3}\mu}$ (4) $\dfrac{\sqrt{3}\mu}{1+\sqrt{3}\mu}mgh$

[検討] (1) 求める速さを v とすれば、**力学的エネルギー保存の法則**より
$$mgh = \dfrac{1}{2}mv^2$$
これを解いて、$v = \sqrt{2gh}$

(2) 斜面を L だけ昇るとき、高さは $L\sin 30°$ だけ高くなる。**力学的エネルギー保存の法則**より
$$mgh = mgL\sin 30°$$
よって、$L = 2h$

(3) 動摩擦力の大きさは $\mu mg\cos 30°$ で表れる。**エネルギーの原理**より運動エネルギーの変化は重力と動摩擦力が物体にした仕事に等しい。
$$0 - mgh = -mg \times \dfrac{L'}{2} - \mu mg\cos 30° \times L'$$
整理して、$h = \dfrac{L'}{2} + \dfrac{\sqrt{3}}{2}\mu L'$
よって、$L' = \dfrac{2h}{1+\sqrt{3}\mu}$

(4) 動摩擦力がした仕事の大きさに等しい。
$$\mu mg\cos 30° \times L'$$
$$= \mu mg \times \dfrac{\sqrt{3}}{2} \times \dfrac{2h}{1+\sqrt{3}\mu}$$
$$= \dfrac{\sqrt{3}\mu}{1+\sqrt{3}\mu}mgh$$

93

[答] (1) $\dfrac{mg\sin\theta}{k}$ (2) $\sqrt{\dfrac{m}{k}}g\sin\theta$
(3) $l - \dfrac{2mg\sin\theta}{k}$

[検討] (1) おもりがばねを押す力は $mg\sin\theta$ である。ばねの縮みを x として、**フックの法則**から
$$mg\sin\theta = kx$$
よって、$x = \dfrac{mg\sin\theta}{k}$

(2) おもりをつり合いの位置から、斜面に沿って x だけ引き上げると、ばねは自然長になる。このときのおもりは $x\sin\theta$ だけ高くなる。つり合いのときのおもりの位置を重力による位置エネルギーの基準点にとり、求める速さを v とする。**力学的エネルギー保存の法則**より
$$mgx\sin\theta = \dfrac{1}{2}mv^2 + \dfrac{1}{2}kx^2$$
この式に(1)の式を代入して
$$v = \sqrt{\dfrac{m}{k}}g\sin\theta$$

(3) ばねがいちばん縮んだとき、おもりの速さは 0 となり、運動エネルギーも 0 である。ばねの縮みの最大値を d とすると、このときおもりは基準点より鉛直方向に $(d-x)\sin\theta$ だけ低くなる。**力学的エネルギー保存の法則**より
$$mgx\sin\theta = \dfrac{1}{2}kd^2 - mg(d-x)\sin\theta$$
d について解くと
$$d = \dfrac{2mg\sin\theta}{k} \quad (d=0 \text{ は不適})$$
よって、ばねの長さは
$$l - d = l - \dfrac{2mg\sin\theta}{k}$$

> **テスト対策**
>
> **力学的エネルギー保存の法則で、位置エネルギーの基準点は、計算が最も楽になる点に決めるのがポイント**である。特にばねの場合は注意しよう。基準点として、つり合いの位置、自然長の位置、最大伸びの位置などからその問題に適したものを選べるようにしておきたい。

94

[答] (1) **18 J** (2) **54 J**
(3) $W_2 = E + W_1$ (4) **72 J**

[検討] (1) 動摩擦力の大きさは $\mu mg\cos\theta$ である。よって、斜面上の移動距離を l とすれば
$$W_1 = \mu mg\cos\theta \times l$$
$$= 0.35 \times 2.0 \times 9.8 \times \cos 30° \times 3.0$$
$$= 17.8 \fallingdotseq 18 \text{ (J)}$$

(2) 位置エネルギーも運動エネルギーも増える。

$$E = mgl\sin\theta + \frac{1}{2}mv^2$$
$$= 2.0 \times 9.8 \times 3.0 \times \sin 30° + \frac{1}{2} \times 2.0 \times 5.0^2$$
$$= 54.4 ≒ 54 \text{〔J〕}$$

(3) 物体に加えた仕事の一部は動摩擦力に抗する仕事となり，残りは力学的エネルギーの増加になる。

(4) $W_2 = 54.4 + 17.8 = 72.2 ≒ 72$〔J〕

95

答 (1) $\sqrt{gh}$

(2) $\dfrac{\sqrt{2}mg + \sqrt{2m^2g^2 + 16kmgh}}{4k}$

検討 (1) 物体にはたらく動摩擦力の大きさは $0.5mg\cos 45°$ であるから，動摩擦力のした仕事 W は，
$$W = -0.5mg\cos 45° \times \frac{h}{\sin 45°}$$
$$= -\frac{mgh}{2}$$
である。点 Q を位置エネルギーの基準とすれば，点 P における力学的エネルギー E_P は，
$$E_P = mgh$$
点 Q での小物体の速さを v とすれば，点 Q における力学的エネルギー E_Q は，
$$E_Q = \frac{1}{2}mv^2$$
となるので，
$$\frac{1}{2}mv^2 = mgh - \frac{mgh}{2}$$
となり，
$$v = \sqrt{gh}$$
と求められる。

(2) P 点から R 点までの間に摩擦力のした仕事 W' は，
$$W' = -0.5mg\cos 45° \times \left(\frac{h}{\sin 45°} + x\right)$$
$$= -\frac{1}{2\sqrt{2}}mg(\sqrt{2}h + x)$$
である。点 R での力学的エネルギー E_R は，
$$E_R = \frac{1}{2}kx^2 - mgx\sin 45°$$
$$= \frac{1}{2}kx^2 - \frac{mgx}{\sqrt{2}}$$
であるから，

$$\frac{1}{2}kx^2 - \frac{mgx}{\sqrt{2}} = mgh - \frac{1}{2\sqrt{2}}mg(\sqrt{2}h + x)$$
となり，
$$x = \frac{\sqrt{2}mg + \sqrt{2m^2g^2 + 16kmgh}}{4k}$$

> **テスト対策**
> 保存力以外の力が仕事をする場合，保存力以外の力が仕事をする前の力学的エネルギーを E_0，保存力以外の力が仕事をした後の力学的エネルギーを E，保存力以外の力がした仕事を W とすれば，$E = E_0 + W$ となることを用いる。

11 熱と温度

基本問題 ･････････････ 本冊 p.47

96

答 (1) 6.3×10^2 J (2) 0.80 J/(g・K)
(3) 45 °C (4) 5.3×10^3 J

検討 (1) 質量 m，比熱 c の物体を ΔT だけ温度上昇させるのに必要な熱量 Q は
$$Q = mc\Delta T$$
よって，$Q = 100 \times 0.42 \times 15 = 6.3 \times 10^2$〔J〕

(2) $Q = mc\Delta T$ より
$$6400 = 200 \times c \times (60 - 20)$$
よって，$c = 0.80$ J/(g・K)

(3) 求める温度を t〔℃〕とすると
$$2250 = 150 \times 0.50 \times (t - 15)$$
よって，$t = 45$ ℃

(4) $Q = mc\Delta T$ より
$$Q = 200 \times 0.38 \times (80 - 10)$$
$$≒ 5.3 \times 10^3 \text{〔J〕}$$

97

答 (1) 3.4×10^3 J (2) 140 J/K
(3) 70 J/K (4) 30 °C

検討 (1) 熱容量 C の物体を ΔT だけ温度上昇させるのに必要な熱量 Q は

$Q = C\Delta T$

である。よって

$Q = 42 \times 80 = 3360 ≒ 3.4 \times 10^3$〔J〕

(2) 熱容量を C とすると

$C = mc = 300 \times 0.46 = 138$〔J/K〕

(3) $Q = C\Delta T$ より

$4200 = C \times 60$　　$C = 70$ J/K

(4) 求める温度を t〔℃〕として

$756 = 42 \times (t - 12)$

$t = 30$ ℃

98

答　容器の熱容量：**42 J/K**

金属の比熱：**0.88 J/(g·K)**

検討　実験 1：熱平衡になれば, 水も容器も温度が等しくなる。79 ℃ の水が放出した熱量は, 15 ℃ の水および容器が吸収した熱量と等しくなるから, 容器の熱容量を C とすれば

$50 \times 4.2 \times (79 - 35)$

$= 100 \times 4.2 \times (35 - 15) + C \times (35 - 15)$

よって, $C = 42$ J/K

実験 2：金属の比熱を c とすると,

$100 \times c \times (70 - 20)$

$= 200 \times 4.2 \times (20 - 15) + 42 \times (20 - 15)$

よって, $c ≒ 0.88$ J/(g·K)

99

答　**8.9×10^4 J**

検討　-10 ℃ の氷を 0 ℃ の氷にする熱量 Q_1 は

$Q_1 = mc\Delta T = 200 \times 2.1 \times 10 = 4200$〔J〕

氷の融解熱 Q_2 は

$Q_2 = 200 \times 340 = 68000$〔J〕

0 ℃ の水を 20 ℃ の水にする熱量 Q_3 は

$Q_3 = 200 \times 4.2 \times 20 = 16800$〔J〕

以上から

$Q_1 + Q_2 + Q_3 ≒ 8.9 \times 10^4$〔J〕

100

答　**1.2×10^5 Pa**

検討　外気圧とおもりの重力による圧力の和が, 内部の気体の圧力 P と等しい。

$P = 1.01 \times 10^5 + \dfrac{20 \times 9.8}{0.010}$

$≒ 1.2 \times 10^5$〔Pa〕

101

答　**0.050 m³**

検討　温度が一定であるから, **ボイルの法則**より

$1.0 \times 10^5 \times 0.10 = 2.0 \times 10^5 \times V$

よって,

$V = \dfrac{1.0 \times 0.10}{2.0} = 0.050$〔m³〕

102

答　(1) **1.0×10^5 Pa**　(2) **0.080 m**

検討　(1) ピストンの動きがなめらかなとき, 容器内の圧力と外気圧は等しい。

(2) 圧力が一定だから, **シャルルの法則**が成り立つ。求める距離を x〔m〕として

$\dfrac{0.010 \times 0.40}{273 + 27} = \dfrac{0.010 \times (0.40 + x)}{273 + 87}$

これを解いて, $x = 0.080$ m

応用問題 ················ 本冊 p.49

103

答　(1) 容器：**15 ℃**, 金属球：**20 ℃**

(2) **2.1×10^3 J**　(3) **0.34 J/(g·K)**

検討　(1) 接触している物体は, 時間がたてば熱平衡状態となり, 同じ温度になる。

(2) 水の比熱は 4.19 J/(g·K) である。15 ℃ から 20 ℃ に温度が上昇したから

$Q = mc\Delta T = 100 \times 4.19 \times (20 - 15)$

$= 2095 ≒ 2.1 \times 10^3$〔J〕

(3) 金属の比熱を c〔J/(g·K)〕とする。金属の放出した熱量は

$150 \times c \times (70 - 20)$〔J〕

水と容器の吸収した熱量の和は

$2095 + 84 \times (20 - 15)$〔J〕

熱量保存の法則より, これらは等しいので

$150 \times c \times (70 - 20)$

$= 2095 + 84 \times (20 - 15)$

よって, $c = 0.335$ J/(g·K)

テスト対策
水を入れた容器で，水を入れてから時間がたっていたり，容器ごと熱したときは，水と容器の温度が同じであると考える。

104
答 $V_A' = \dfrac{P_A V_A (V_A + V_B)}{P_A V_A + P_B V_B}$

$V_B' = \dfrac{P_B V_B (V_A + V_B)}{P_A V_A + P_B V_B}$

検討 壁が固定してあるときの温度をT，壁を自由にしたときの温度をT'，壁を自由にしたときの圧力をPとする。A, Bそれぞれの部分に入っている気体について，**ボイル・シャルルの法則**を使うと

A : $\dfrac{P_A V_A}{T} = \dfrac{P V_A'}{T'}$ ………①

B : $\dfrac{P_B V_B}{T} = \dfrac{P V_B'}{T'}$ ………②

また

$V_A + V_B = V_A' + V_B'$ ………③

①, ②より

$\dfrac{V_A'}{P_A V_A} = \dfrac{V_B'}{P_B V_B}$ ………④

③より，$V_B' = V_A + V_B - V_A'$

これを④へ代入し，V_A' について解く。

$V_A' = \dfrac{P_A V_A}{P_B V_B}(V_A + V_B - V_A')$

$\dfrac{P_A V_A + P_B V_B}{P_B V_B} V_A' = \dfrac{P_A V_A}{P_B V_B}(V_A + V_B)$

$(P_A V_A + P_B V_B) V_A' = P_A V_A (V_A + V_B)$

$V_A' = \dfrac{P_A V_A (V_A + V_B)}{P_A V_A + P_B V_B}$

次に，V_B'は上記のV_A'を④に代入すれば求めることができる。

105
答 (1) 1.3×10^4 N　(2) **36°C**

検討 (1) 密度 ρ [kg/m³] の気体内にある，体積 V [m³] の物体にはたらく浮力を F [N] とすれば，$F = \rho V g$

よって，この気球にはたらく浮力の大きさは

$1.28 \times 1000 \times 9.8 = 12544$
$\fallingdotseq 1.3 \times 10^4$ [N]

(2) 熱気球にはたらく重力の大きさは

$150 \times 9.8 = 1470$ [N]

熱気球と気球内の気体の重さの和が浮力より小さければ，熱気球は浮上する。浮上時の気球内の気体の密度を ρ [kg/m³] とすれば，

$1470 + \rho \times 1000 \times 9.8 < 12544$

よって，$\rho < 1.13$

空気の密度が 1.28 kg/m³ から 1.13 kg/m³ になるためには，体積が $\dfrac{1.28}{1.13}$ 倍に膨張すればよい。温度が T [°C] の状態でそうなるとすると，**シャルルの法則**より

$\dfrac{1000}{273 + 0} = \dfrac{1000 \times \frac{1.28}{1.13}}{273 + T}$

よって，$T = 36$ °C

106
答 (1) **1.3 倍**　(2) **600 K**

検討 (1) 容器AとBの気体の体積の和は一定なので，容器A，Bの体積が等しくなったときは，どちらも $\dfrac{40.0 + 20.0}{2} = 30.0$ [m³] になっている。A, Bの気体の圧力は等しいので，最初の状態の圧力をP，体積が等しくなった状態の圧力をP'として，容器Aの気体について**ボイルの法則**を用いると

$P \times 40.0 = P' \times 30.0$

よって，$\dfrac{P'}{P} = \dfrac{40.0}{30.0} \fallingdotseq 1.3$ [倍]

(2) 容器Bの気体の温度を T [K] として，**ボイル・シャルルの法則**を用いると

$\dfrac{P \times 20.0}{300} = \dfrac{P' \times 30.0}{T}$

よって，

$T = \dfrac{900}{2.00} \times \dfrac{P'}{P} = \dfrac{900}{2.00} \times \dfrac{4}{3} = 600$ [K]

テスト対策
ボイル・シャルルの法則を用いるとき，温度は必ず絶対温度 T [K] を使うこと。

12 仕事と熱

基本問題 ……………… 本冊 p.52

107

答 (1) 1.2×10^3 J (2) 0.50 K

検討 (1) **エネルギー保存の法則**より，重力による位置エネルギーが，水と実験容器に与えられた熱とおもりの運動エネルギーになる。求める熱量を Q，位置エネルギーの基準点を床にとると
$$100 \times 10 \times 2.0 = Q + \frac{1}{2} \times 100 \times 4.0^2$$
$$Q = 2000 - 800 = 1.2 \times 10^3 \text{〔J〕}$$

(2) 温度上昇を ΔT とする。水と実験容器に与えられた熱は，温度上昇に使われるので
$$1.2 \times 10^3 = 500 \times 4.2 \times \Delta T + 300 \times \Delta T$$
$$\Delta T = \frac{1.2 \times 10^3}{2.4 \times 10^3} = 0.50 \text{〔K〕}$$

108

答 2.3×10^3 J

検討 気体が外部にした仕事 W' は
$W' = p\Delta V$
$\quad = 1.01 \times 10^5 \times (44.8 - 22.4) \times 10^{-3}$
$\quad = 2.26 \times 10^3 \text{〔J〕}$

109

答 気体がした仕事：$\frac{1}{2}(P_2 - P_1)(V_2 - V_1)$
外部が気体にした仕事：$-\frac{1}{2}(P_2 - P_1)(V_2 - V_1)$

検討 A→B では，$\Delta V = 0$ より，
$W_{AB} = p\Delta V = 0$
B→C では，図の**台形の部分の面積が気体のする仕事**になる。
$W_{BC} = \frac{1}{2}(P_2 + P_1)(V_2 - V_1)$
C→A では，
$\Delta V = V_1 - V_2 (<0)$
である。
$W_{CA} = p\Delta V = P_1(V_1 - V_2)$
以上より気体のした仕事 W' は

$W' = 0 + \frac{1}{2}(P_2 + P_1)(V_2 - V_1)$
$\quad\quad + P_1(V_1 - V_2)$
$\quad = \frac{1}{2}(P_2 - P_1)(V_2 - V_1)$

また，外部が気体にした仕事 W は
$W = -W' = -\frac{1}{2}(P_2 - P_1)(V_2 - V_1)$

110

答 ① ΔU ② Q ③ W

111

答 (1) 0 (2) 4.2×10^2 J

検討 (1) 気体の体積変化が 0 である。気体が外部にする仕事は圧力と体積変化の積で表されるから，仕事は 0 である。

(2) **熱力学第 1 法則**より，$W = 0$ として
$\Delta U = Q + 0 = 420$
$\quad = 4.2 \times 10^2 \text{〔J〕}$

112

答 (1) 150 J (2) 250 J

検討 (1) 気体が外部にした仕事 W' は
$W' = p\Delta V = 1.00 \times 10^5 \times 1.50 \times 10^{-3}$
$\quad = 150 \text{〔J〕}$

(2) **熱力学第 1 法則**より
$\Delta U = Q + W = 400 - 150$
$\quad = 250 \text{〔J〕}$

> **テスト対策**
>
> 気体が外部にする仕事 $W'(=p\Delta V)$ と外部が気体にする仕事（気体がされた仕事）W との間には $W = -W'$ の関係がある。**熱力学第 1 法則に代入するときに注意**。

113

答 (1) -20 J (2) 下降した

検討 (1) 熱のやりとりができないので $Q = 0$ である。**熱力学第 1 法則**より
$\Delta U = 0 + W$

ここで気体は膨張させられたので，外部からされた仕事は -20 J である。
よって，$\Delta U = -20$ J
(2) 内部エネルギーが減少するので気体の温度は下がる。

> **テスト対策**
> 断熱膨張では外部との熱の出入りがないので，温度は下降する。断熱圧縮では，温度は上昇する。

114
答 3.0×10^5 J
検討 発生した熱量 Q は
$$Q = \frac{1}{2}mv^2 = \frac{1}{2} \times 1.5 \times 10^3 \times 20^2$$
$$= 3.0 \times 10^5 \text{[J]}$$

115
答 熱の放出量：3.6×10^5 J，熱効率：**28%**
検討 高熱源からもらった熱を Q_1，低熱源への熱の放出量を Q_2，取り出した仕事を W とすると
$$W = Q_1 - Q_2$$
よって
$$Q_2 = Q_1 - W = (5.0 - 1.4) \times 10^5$$
$$= 3.6 \times 10^5 \text{[J]}$$
また熱機関の熱効率は
$$\frac{W}{Q_1} = \frac{1.4 \times 10^5}{5.0 \times 10^5} \times 100 = 28 \text{[\%]}$$

応用問題 ……………… 本冊 p.55

116
答 (1) $\frac{T}{4}$ [K] (2) 4.5×10^2 J
検討 (1) 状態 C の温度を T_C とする。一定量の気体なので，状態 A と C で
$$\frac{4 \times 10^5 \times 1 \times 10^{-3}}{T} = \frac{1 \times 10^5 \times 1 \times 10^{-3}}{T_C}$$
よって，$T_C = \dfrac{T}{4}$
(2) A → B で外部にした仕事 W_1 は図 1 の台形部分の面積で表されるので
$$W_1 = (1 + 4) \times 10^5 \times (4 - 1) \times 10^{-3} \times \frac{1}{2}$$
$$= 750 \text{[J]}$$

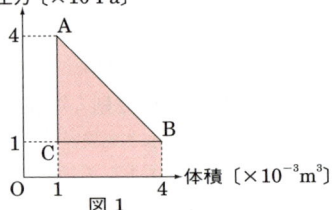

圧力 [×10⁵Pa]

図 1

B → C の仕事 W_2 は図 2 の長方形の面積で表されるので
$$W_2 = 1 \times 10^5 \times (1 - 4) \times 10^{-3} = -300 \text{[J]}$$
C → A の仕事 W_3 は，体積が一定であるから
$$W_3 = 0 \text{ J}$$
よって，A → B → C の仕事は
$$W_1 + W_2 + W_3 = 750 - 300 + 0$$
$$= 450 = 4.5 \times 10^2 \text{[J]}$$

圧力 [×10⁵Pa]

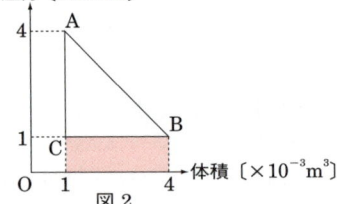

図 2

117
答 (1) **0** (2) **Q** (3) **$Q - 2PV$**
検討 (1) 等温変化なので内部エネルギーは変化しない。
(2) 熱力学第 1 法則より
$$\Delta U = Q + W = 0$$
よって，気体がされた仕事は
$$W = -Q$$
であるから，気体が外部にした仕事は
$$W' = -W = Q$$
(3) A → B の仕事は
$$W_1 = Q$$
B → C の仕事は
$$W_2 = P(V - 3V) = -2PV$$
C → A は定積変化なので仕事は 0 である。

よって，全体の仕事は $Q-2PV$

> **テスト対策**
> 等温変化では，常に $\Delta U=0$ となることに注意する。

【参考】 n〔mol〕の理想気体の内部エネルギー変化 ΔU は，温度変化を ΔT として
$$\Delta U = \frac{3}{2}nR\Delta T \quad (R:気体定数)$$
これは，物理で扱う。

118
答 (1) $\dfrac{V}{T} = 3.3 \times 10^{-3}\,\mathrm{m^3/K}$

(2) $600\,\mathrm{K}$ (3) $pV = 8.0 \times 10^5\,\mathrm{J}$

(4) $150\,\mathrm{K}$

検討 (1) A→B の変化は圧力一定なので，**シャルルの法則**が成り立つ。
$$\frac{V}{T} = \frac{1}{300} = 3.3 \times 10^{-3}\,\mathrm{[m^3/K]}$$
($\dfrac{T}{V} = 300 = 3.0 \times 10^2\,\mathrm{[K/m^3]}$ でもよい。)

(2) 求める温度を T_B として，**シャルルの法則**より
$$\frac{1}{300} = \frac{2}{T_\mathrm{B}}$$
よって，$T_\mathrm{B} = 600\,\mathrm{K}$

(3) B→C は温度 $600\,\mathrm{K}$ の等温変化なので，**ボイルの法則**が成り立つ。
$$pV = 4 \times 10^5 \times 2 = 8.0 \times 10^5\,\mathrm{[J]}$$

(4) D の温度を T_D とする。C→D は等圧変化なので**シャルルの法則**が成り立つ。
$$\frac{4}{600} = \frac{1}{T_\mathrm{D}}$$
よって，$T_\mathrm{D} = 150\,\mathrm{K}$

119
答 (1) $\dfrac{8}{9}$ 倍 (2) $\dfrac{5}{4}$ 倍 (3) $\dfrac{19}{144}$ 倍

検討 (1) 容器内の気体がピストンを右に押す力は $\dfrac{10P_0S}{9}$ である。ばねの縮みは
$$l_0 - \frac{7}{8}l_0 = \frac{1}{8}l_0$$

なので，ばね定数を k とすると，ばねおよび大気圧がピストンを左に押す力は
$$\frac{1}{8}kl_0 + P_0S$$
この2つの力がつり合っているので
$$\frac{10P_0S}{9} = \frac{1}{8}kl_0 + P_0S$$
よって，$k = \dfrac{8}{9} \times \dfrac{P_0S}{l_0}$

(2) 求める温度を T とする。容器内の気体の体積は
$$S \times \left(l_0 + \frac{1}{8}l_0\right) = \frac{9}{8}Sl_0$$
であるから，**ボイル・シャルルの法則**より
$$\frac{P_0Sl_0}{T_0} = \frac{\dfrac{10}{9}P_0 \times \dfrac{9}{8}Sl_0}{T}$$
よって，$T = \dfrac{5}{4}T_0$

(3) 容器内の気体が大気に対してした仕事を W_1，ばねにした仕事を W_2 とすると
$$W_1 = P_0 \times \frac{1}{8}Sl_0 = \frac{1}{8}P_0Sl_0$$
ばねにした仕事は弾性エネルギーとして蓄えられているので
$$W_2 = \frac{1}{2}k \times \left(\frac{1}{8}l_0\right)^2$$
$$= \frac{1}{2} \times \frac{8}{9} \times \frac{P_0S}{l_0} \times \frac{1}{64}l_0^2$$
$$= \frac{1}{144}P_0Sl_0$$
よって，求める仕事は
$$W_1 + W_2 = \frac{1}{8}P_0Sl_0 + \frac{1}{144}P_0Sl_0$$
$$= \frac{19}{144}P_0Sl_0$$

120
答 (イ)

検討 状態 A からグラフの右下へ進むと，体積が膨張するので，気体は外部に正の仕事をする。等温変化は温度の変化はないが，断熱変化では気体が外部に正の仕事をすれば内部エネルギーが減少し温度が下がる。(イ)のほうが温度が低いグラフなので，(イ)が断熱変化を表す。

121

答 9.0L

検討 エンジンが1時間にする仕事は
$$50 \times 10^3 \times 3600 = 1.8 \times 10^8 \text{[J]}$$
1時間に消費するガソリンをx[L]とすると，発生する熱量の40%がエンジンの出力になるので
$$5.0 \times 10^7 \times x \times 0.40 = 1.8 \times 10^8$$
よって，$x = 9.0$L

122

答 4.5g

検討 弾丸の温度が200℃から0℃になるときに放出する熱量は
$$0.38 \times 20 \times (200 - 0) = 1520 \text{[J]}$$
これと弾丸のもっていた運動エネルギーはすべて雪に与えられる熱となるので，これらの熱でx[g]の氷が融けるとすると
$$340 \times x = 1520 + \frac{1}{2} \times 0.020 \times 40^2$$
よって，$x \fallingdotseq 4.5$g

13 波の表し方

基本問題 ……………… 本冊 p.57

123

答 振幅：**1.0m**，波長：**4.0m**，速さ：**12m/s**，
振動数：**3.0Hz**，周期：**0.33s**

検討 振幅は波形の山の高さまたは谷の深さにあたり，波長は1つの山から次の山までの距離に等しい。これらは図から読み取る。
実線の波で$x = 2.0$mのところにあった山が，$x = 5.0$mのところまで移動して点線の波になったので，速さvは
$$v = \frac{5.0 - 2.0}{0.25} = 12 \text{[m/s]}$$
振動数fは，$v = f\lambda$より
$$f = \frac{v}{\lambda} = \frac{12}{4.0} = 3.0 \text{[Hz]}$$
周期Tは

$$T = \frac{1}{f} = \frac{1}{3.0} \fallingdotseq 0.33 \text{[s]}$$

124

答 (1) 振幅：**0.2m**，波長：**4.0m**，
振動数：**0.5Hz**，周期：**2.0s**

(2)

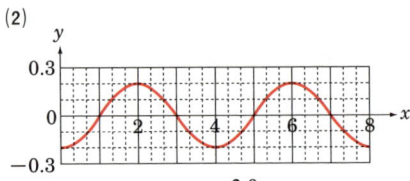

検討 (1) $v = f\lambda$より，$f = \dfrac{2.0}{4.0} = 0.5$[Hz]
$T = \dfrac{1}{f}$より，$T = \dfrac{1}{0.5} = 2.0$[s]

(2) 3.0s間では，$2.0 \times 3.0 = 6.0$[m]
波が伝わるので，6mだけx軸の正方向に平行移動すればよい。よって，答えの図のようになる。

125

答

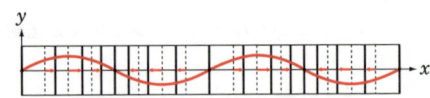

検討 x軸の正方向の変位はy軸の正方向に，x軸の負方向の変位はy軸の負方向にかき直し，矢印の先端をなめらかな曲線で結ぶと下図のようなグラフとなる。

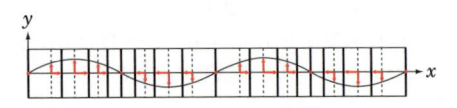

応用問題 ……………… 本冊 p.59

126

答

(1)

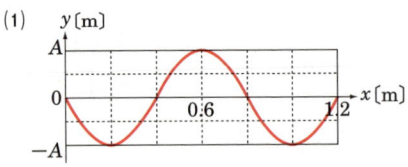

(2) グラフ

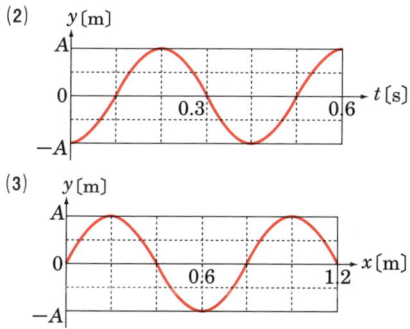

(3) グラフ

検討 (1) 時刻 $t=0$ s において，原点の変位が 0 で，このあと媒質の変位が増加する。そのため，$x=0$ m の近くの負側は山であることがわかる。逆に，$x=0$ m の近くの正側は谷である。よって，波形の図は答えのようになる。
(2) $x=1.0$ m の位置まで振動が伝わるのにかかる時間は，

$$\frac{1.0}{2.0} = 0.5 \text{[s]}$$

である。時刻 0.5 s からは原点と同じ振動を行うので，グラフは答えのようになる。
(3) 周期が 0.4 s であることがグラフから読み取れるので，$t=1.0$ s までに，媒質は，

$$\frac{1.0}{0.4} = 2.5$$

回振動する。1 回の振動で 1 波長分伝わるので，2.5 回の振動では 2.5 波長分伝わる。よって，波形の図は答えのようになる。

127

答 (1) $\dfrac{\lambda}{v}$ (2) e (3) a, i
(4) c, g (5) e

検討 (1) 波が 1 波長伝わるのにかかる時間が，周期 T であるから，$\lambda = vT$ となり，

$$T = \frac{\lambda}{v}$$

(2)(3) 疎密の関係を知るためには，横波表示を元の縦波の表示に直せばよい。y 軸の正方向の変位を x 軸の正方向に，y 軸の負方向の変位を x 軸の負方向に直すと，次の図のようになるので，密な場所は e，疎な場所は a, i である。

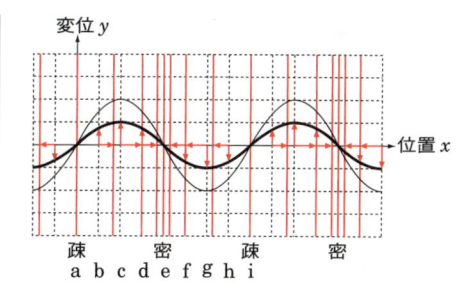

図：変位 y 位置 x
a b c d e f g h i
疎　密　疎　密

(4) 媒質の振動の速さが 0 になるのは，山または谷の場所である。
(5) 振動の速さが最大になるのは振動の中心，すなわち変位 $y=0$ の場所である。振動の向きを知るためには，波を波の伝わる方向にわずかにずらすとわかる。

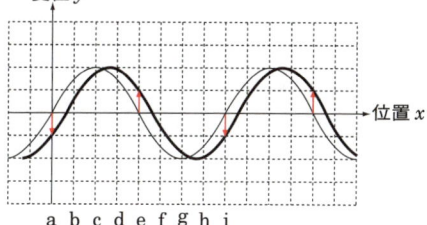

図：変位 y 位置 x
a b c d e f g h i

> **テスト対策**
> 横波表示を，縦波の表示に直す場合，振幅の大きいままだと，縦波の表示が見にくくなるので，(2)(3)で示したように，振幅を小さくかき直し，縦波の表示に直すとよい。

14 重ね合わせの原理・定常波

基本問題 ………………………… 本冊 p.60

128

答 図の赤線部分

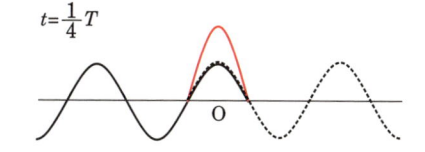

$t=\dfrac{1}{4}T$ の図

$t = \frac{2}{4}T$

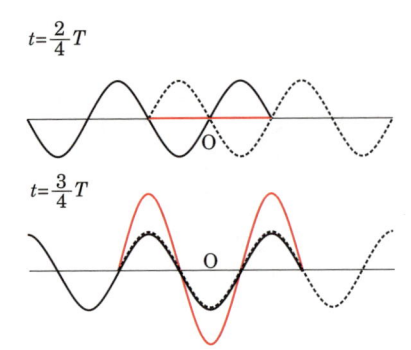

$t = \frac{3}{4}T$

検討 2つ以上の波が重なるときは，**重ね合わせの原理**にしたがって合成する。

129
答 次の図の赤色の実線
(1)

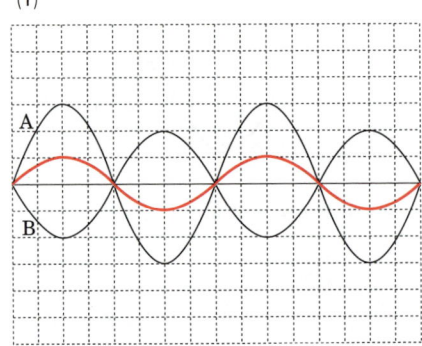

(2)

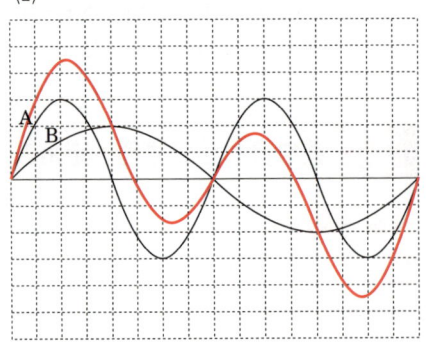

応用問題 ●●●●●●●●●●●● 本冊 p.62

130
答 (1) ① 3 ② 4

(2)

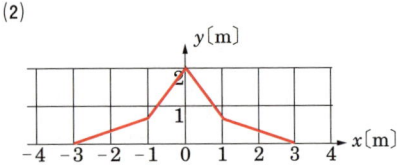

(3)

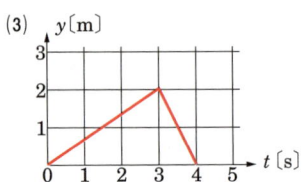

検討 (1) ① 2つの三角波が $x = 0$ m で重なりはじめたとき，山までの距離は，波Aも波Bも 3.0 m であるから，波Aの山と波Bの山が重なるまでの時間 t は，$t = \frac{3.0}{1.0} = 3.0$ [s]

② パルス波の長さは図より 4.0 m であるから，2つのパルス波が $x = 0$ m で重なり始めてから通り抜けが完了するまでの時間 t は，

$$t = \frac{4.0}{1.0} = 4.0 \text{[s]}$$

(2) 2つの三角形の山の頂点どうしが重なり合うとき，波Aは破線のように，波Bは一点鎖線のようになる。よって，波Aと波Bの合成波の変位 y は，答えの図の太い実線のようになる。

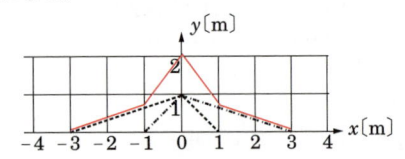

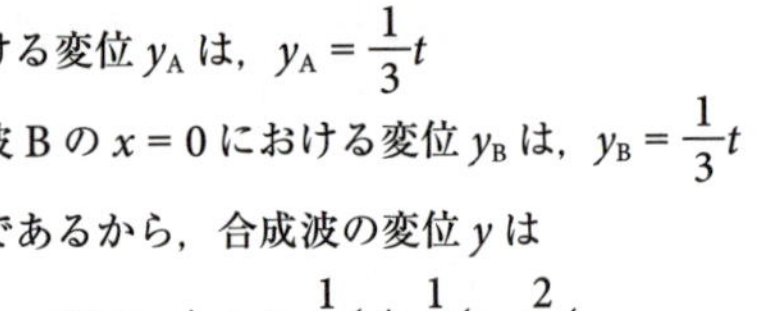

(3) 時刻 $0 \leq t \leq 3$ における波Aの $x = 0$ における変位 y_A は，$y_A = \frac{1}{3}t$

波Bの $x = 0$ における変位 y_B は，$y_B = \frac{1}{3}t$

であるから，合成波の変位 y は

$$y = y_A + y_B = \frac{1}{3}t + \frac{1}{3}t = \frac{2}{3}t$$

時刻 $3 \leq t \leq 4$ における波Aの $x = 0$ における変位 y_A は，$y_A = 1 - (t - 3) = 4 - t$

波Bの $x = 0$ における変位 y_B は

$y_B = 1 - (t - 3) = 4 - t$

であるから，合成波の変位 y は
$$y = y_A + y_B = (4-t) + (4-t) = 8 - 2t$$
よって，$t = 0$ から通り抜けが完了するまでの，$x = 0$ での変位 y のグラフは，答えの図のようになる。

131
答 (1) $4.0\,\text{cm}$ (2) $2.0\,\text{cm/s}$
(3) $2.0\,\text{cm}$，$4.0\,\text{cm}$

検討 (2) 波は周期 2.0 s の間に 1 波長 4.0 cm 伝わるので，波の伝わる速さ $v\,[\text{cm/s}]$ は，
$$v = \frac{4.0}{2.0} = 2.0\,[\text{cm/s}]$$

(3) 腹の位置は，2 つの波の変位の等しい交点である。よって，腹の位置は 1.0 cm，3.0 cm，5.0 cm になる。**腹と腹の中点が節になる**ので，節の位置は 2.0 cm，4.0 cm である。

【別解】 与えられた図では，合成波がすべて変位 0 の直線になるので，波を，波の伝わる方向にわずかにずらして合成した波で考えてもよい。

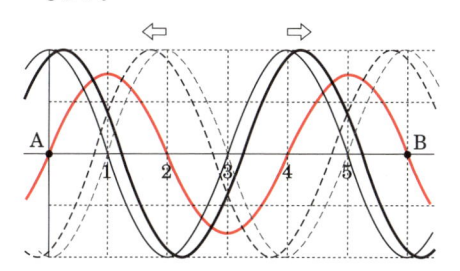

15 波の反射と屈折

基本問題 ••••••••••••••••••••• 本冊 p.64

132
答

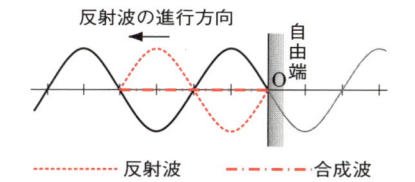

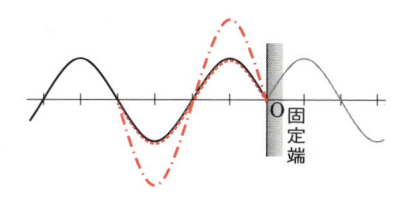

反射波の進行方向

自由端

.... 反射波   ----- 合成波

検討 自由端で反射するときは位相が変わらない。つまり，山は山のまま反射する。固定端で反射するときは位相が π ずれる。つまり，山は谷となって反射する。入射波と反射波とが重なり合った波（合成波）が，観測される波である。

> **テスト対策**
> ① 自由端反射 → 反射によって位相はずれない
> ② 固定端反射 → 反射によって位相が π ずれる（半波長分変化する）

133
答

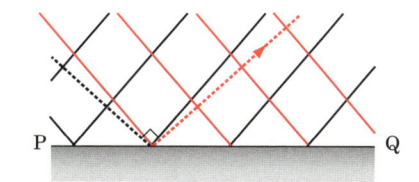

P   Q

応用問題 ••••••••••••••••••••• 本冊 p.65

134
答 ① 0 ② 逆 ③ 同 ④ 定常波
⑤ 節 ⑥ 腹 ⑦ $\frac{1}{2}$

【問】 最大振幅：$2A$，節：b，d

検討【問】 自由端での反射波（破線）を作図したとき，b のように，変位が逆の場所が節になる。また，合成波を作図して，合成波（赤の実線）の変位が 0 の場所から，節の位置を求めてもよい。（問題に与えられた入射波の

位置では，判断が難しいので，波形を少しずらして作図した。）

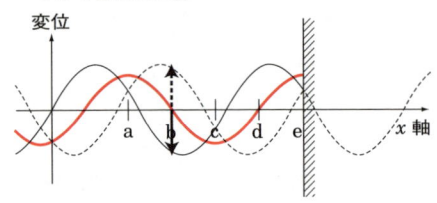

テスト対策
腹の位置を求める場合は，腹の位置が2つの波の交点（＝変位の等しい場所）になることを，知っておくことも大切である。

135
答 ア：**0.5**，イ：**1.0**，
ウ：**1.0**，エ：**1.0**

(1) グラフ

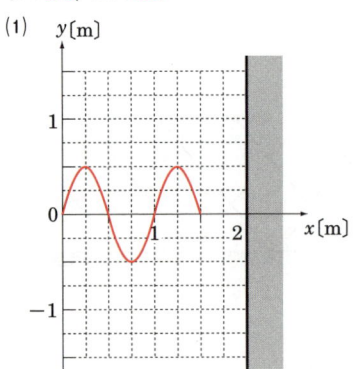

(2) グラフ

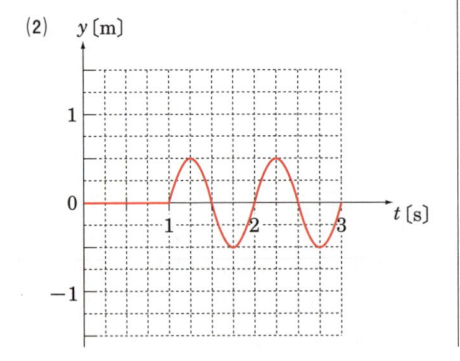

(3) グラフ

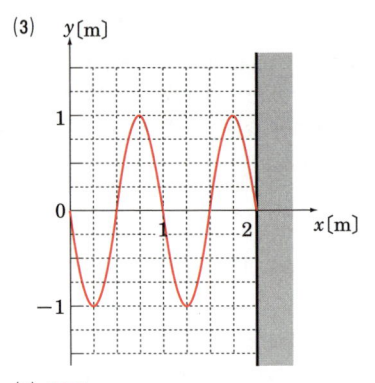

(4) **4.25 s**

検討 ウ：$T = \dfrac{1}{f} = \dfrac{1}{1} = 1.0$ 〔s〕

エ：$v = f\lambda = 1 \times 1.0 = 1.0$ 〔m/s〕

(1) 時刻 1.5 s までに波は，
$1.0 \times 1.5 = 1.5$ 〔m〕
伝わる。

(2) 位置 A は原点から 1.0 m 離れているので，原点の振動が伝わってくるのに $\dfrac{1.0}{1.0} = 1.0$ s かかる。時刻 1.0 s までは，位置 A は振動しない。その後，最初に山が来るので，上向きに変位をはじめるような振動のグラフがかける。

(3) 時刻 4 s には位置 B で反射した波が波源まで戻ってくる。位置 B では固定端反射をするので，入射波の波形（実線），反射波の波形（破線）が描け，合成すると答えのような波形になる。（破線と実線は完全に重なるが，わかりやすくするために上下にわずかにずらして描いてある。）

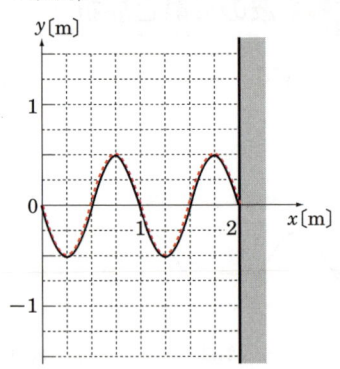

(4) すべての位置の変位が 0 になるのは，反射波が波源に戻ってきた時刻 4 s 以後になる。時刻 4 s から $\frac{1}{4}$ 波長分伝わると，図のようになり，すべての位置の変位が 0 になる。$\frac{1}{4}$ 波長伝わるのにかかる時間は

$$\frac{1}{4} 周期 = 0.25 \text{ s}$$

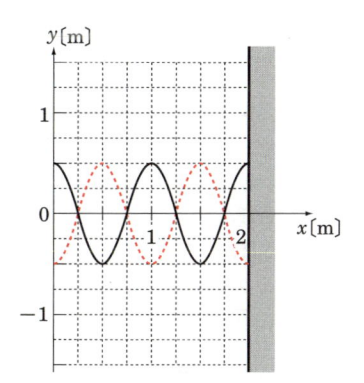

136
答 (1) ③ (2) ① (3) ③

137
答 (1) **1.4** (2) **1.4 倍**

検討 (1) $n = \dfrac{\sin 45°}{\sin 30°} = \dfrac{\frac{\sqrt{2}}{2}}{\frac{1}{2}} = \sqrt{2} \fallingdotseq 1.4$

(2) $\dfrac{v_1}{v_2} = n = 1.4$ より $v_1 = 1.4 v_2$

138
答 (1)

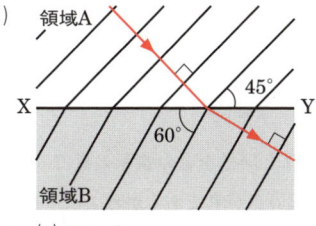

(2) **0.82** (3) **12 m/s**
(4) **1.2 m** (5) **10 Hz**

検討 (1) 波の進む方向は波面に垂直である。

(2) $n = \dfrac{\sin 45°}{\sin 60°} = \dfrac{\frac{\sqrt{2}}{2}}{\frac{\sqrt{3}}{2}} = \sqrt{\dfrac{2}{3}} \fallingdotseq 0.82$

(3) $n = \dfrac{v_1}{v_2}$ より

$v_2 = \dfrac{v_1}{n} = \dfrac{10}{0.82} \fallingdotseq 12 \text{ [m/s]}$

(4) $n = \dfrac{\lambda_1}{\lambda_2}$ より

$\lambda_2 = \dfrac{\lambda_1}{n} = \dfrac{1.0}{0.82} \fallingdotseq 1.2 \text{ [m]}$

(5) 領域 A における振動数と同じだから，$v_1 = f\lambda_1$ より

$f = \dfrac{v_1}{\lambda_1} = \dfrac{10}{1.0} = 10 \text{ [Hz]}$

16 音 波

基本問題　　　　　　　　　　本冊 p.68

139
答 **3.0 cm 小さくなる。**

検討 気温が 0℃ のときと 20℃ のときの音速をそれぞれ v_1 [m/s], v_2 [m/s] とすると

$v_1 = 331.5 \text{ m/s}$
$v_2 = 331.5 + 0.6 \times 20 = 343.5 \text{ [m/s]}$

音速が変化しても振動数は変化しないから，
$v_1 = f\lambda_1$, $v_2 = f\lambda_2$ より，
$v_1 - v_2 = f\lambda_1 - f\lambda_2 = f(\lambda_1 - \lambda_2)$

よって，

$\lambda_1 - \lambda_2 = \dfrac{v_1 - v_2}{f} = \dfrac{331.5 - 343.5}{400}$
$= -0.030 \text{ [m]}$

これより，-3.0 cm となる。

140
答 **弱め合う。**

検討 $AP = 6.0$ m であるから，三平方の定理より

$BP = \sqrt{2.5^2 + 6.0^2} = 6.5 \text{ [m]}$

である。よって，経路差は，

$|AP - BP| = |6.0 - 6.5| = 0.5 \text{ [m]}$

である。音波の波長は 1.0 m であるから，経

路差は半波長の1倍（奇数倍）になっている。よって，スピーカーA，Bから出た音はP点で弱め合う。

141
答 (1) $4l$ (2) $\dfrac{v}{4l}$

検討 (1) 左右の経路の長さは等しくなっている状態からlだけ引き出したとき，経路差は$2l$となり，音ははじめて最小になったのだから
$$2l = \dfrac{\lambda}{2}$$
である。よって，$\lambda = 4l$
(2) $v = f\lambda$ より $v = f \cdot 4l$ となるので
$$f = \dfrac{v}{4l}$$

142
答 A：$208\,\text{Hz}$，B：$212\,\text{Hz}$

検討 $\dfrac{f_A}{f_B} = \dfrac{52}{53}$，$f_B - f_A = \dfrac{8}{2.00}$
この両式より，$f_A = 208\,\text{Hz}$，$f_B = 212\,\text{Hz}$

応用問題 ················· 本冊 p.69

143
答 $488\,\text{m}$

検討 山に向かう音波の速さは，風速（10 m/s）分だけ増加するから，$340 + 10 = 350\,[\text{m/s}]$
一方，山から帰ってくる音波の速さは，風速分だけ減少するから
$$340 - 10 = 330\,[\text{m/s}]$$
また，自動車の速さは
$$54\,\text{km/h} = 15\,\text{m/s}$$
である。以上のことから，求める距離を$l\,[\text{m}]$とすると，
$$\dfrac{l + 15 \times 3}{350} + \dfrac{l}{330} = 3$$
よって，$l = 488\,\text{m}$

144
答 $432\,\text{Hz}$

検討 弦のはじめの振動数をf，強くしめなおしたあとの振動数をf'とすると
$f = 440 \pm 8$ より，$f = 448$ または 432
$f' = 440 \pm 3$ より，$f' = 443$ または 437
$f < f'$であるから，振動数は$432\,\text{Hz}$から$437\,\text{Hz}$になったか，$432\,\text{Hz}$から$443\,\text{Hz}$になったと考えられる。

145
答 (1) 2倍 (2) $\dfrac{2ds}{l}$ (3) $\dfrac{vl}{2df}$

検討 (1) スピーカーA，Bから出る音の位相が等しいので，経路差$|AP - BP|$が半波長の偶数倍になる観測点で音は強め合う。点Pは点Oにいちばん近い強め合う点であるから，半波長の2倍になることがわかる。
(2) 経路APの距離は
$$AP = \sqrt{l^2 + (d-s)^2}$$
$$= l\sqrt{1 + \dfrac{(d-s)^2}{l^2}}$$
$$\fallingdotseq l\left\{1 + \dfrac{(d-s)^2}{2l^2}\right\} = l + \dfrac{(d-s)^2}{2l}$$
経路BPは
$$BP = \sqrt{l^2 + (d+s)^2}$$
$$= l\sqrt{1 + \dfrac{(d+s)^2}{l^2}}$$
$$\fallingdotseq l\left\{1 + \dfrac{(d+s)^2}{2l^2}\right\} = l + \dfrac{(d+s)^2}{2l}$$
したがって，経路差$|AP - BP|$は
$|AP - BP|$
$$= \left|\left\{l + \dfrac{(d-s)^2}{2l}\right\} - \left\{l + \dfrac{(d+s)^2}{2l}\right\}\right|$$
$$= \dfrac{2ds}{l}$$
(3) 音の振動数がfである。波長λは$v = f\lambda$より，$\lambda = \dfrac{v}{f}$
点Oと同様な音の強さの点で，Oにいちばん近い点がPであるから，$\dfrac{2ds}{l} = \dfrac{v}{f}$
よって，$s = \dfrac{vl}{2df}$

17 弦の振動・気柱の振動

基本問題 ……………………… 本冊 p.72

146
[答] (1) **0.60 m** (2) **240 m/s**

[検討] (1) 長さ 0.90 m の弦に 3 倍振動の定常波ができたのであるから, 隣どうしの節から節までの長さは $\dfrac{0.90}{3} = 0.30$ [m] である。隣どうしの節から節までの長さは半波長 $\dfrac{\lambda}{2}$ であるから, $\dfrac{\lambda}{2} = 0.30$ より,
$$\lambda = 2 \times 0.30 = 0.60 \text{[m]}$$
(2) $v = f\lambda$ より,
$$v = 400 \times 0.60 = 240 \text{[m/s]}$$

147
[答] (1) L (2) fL (3) $\dfrac{L}{2}$ (4) **2倍**

[検討] (1) 隣どうしの節から節までの長さが $\dfrac{L}{2}$ であり, この長さが半波長 $\dfrac{\lambda}{2}$ になるので, $\dfrac{\lambda}{2} = \dfrac{L}{2}$ となり, $\lambda = L$ と求められる。
(2) $v = f\lambda$ より, $V = fL$
(3) L' のとき基本振動になったのであるから, 波長は $2L'$ である。よって, $2L' = L$
これから, $L' = \dfrac{L}{2}$
(4) 弦の長さが $\dfrac{L}{2}$ のときに 2 倍振動ができたのであるから, このときの波長は $\dfrac{L}{2}$ である。弦を伝わる波の速さは変わらないので, $v = f\lambda$ より, $fL = f' \cdot \dfrac{L}{2}$
よって, $f' = 2f$

148
[答] ① λ ② n ③ λ
④ $(2n-1)\lambda$ ⑤ $\dfrac{(2n-1)V}{4l}$

テスト対策
▶ 定常波の波長の求め方
定常波では節から節までの長さが $\dfrac{\lambda}{2}$, 腹から腹までの長さも $\dfrac{\lambda}{2}$, 節から腹までの長さが $\dfrac{\lambda}{4}$ である。
① 弦にできる定常波の波長
　弦の長さを腹の数で割り 2 倍する。
② 管にできる定常波の波長
　(a) **開管**…管の長さを節の数で割り 2 倍する。
　(b) **閉管**…管の長さを節から腹までの数で割り 4 倍する。

149
[答] (1) $2(l_2 - l_1)$ (2) $2f(l_2 - l_1)$

[検討] (1) 音の波長を λ [m] とすれば, 第 1 共鳴点と第 2 共鳴点との距離が半波長 $\dfrac{\lambda}{2}$ になるので, $\dfrac{\lambda}{2} = l_2 - l_1$
よって, $\lambda = 2(l_2 - l_1)$
(2) 式 $v = f\lambda$ より, 音の伝わる速さ V [m/s] は
$$V = f \times 2(l_2 - l_1) = 2f(l_2 - l_1)$$

応用問題 ……………………… 本冊 p.73

150
[答] (1) **80.0 cm** (2) **1.0 cm** (3) **430 Hz**

[検討] (1) 第 1 共鳴点が 19.0 cm, 第 2 共鳴点が 59.0 cm であり, 共鳴点における水面の位置に節ができる。隣どうしの節から節の長さが半波長 $\dfrac{\lambda}{2}$ であるから
$$\dfrac{\lambda}{2} = 59.0 - 19.0 = 40.0 \text{[cm]}$$
よって, $\lambda = 2 \times 40.0 = 80.0$ [cm]
(2) 節から腹の長さが 4 分の 1 波長 $\dfrac{\lambda}{4}$ であるから, 管口から外側にずれた腹までの距離は
$$\dfrac{\lambda}{4} - 19.0 = 20.0 - 19.0 = 1.0 \text{[cm]}$$
(3) $v = f\lambda$ より, $f = \dfrac{v}{\lambda} = \dfrac{344}{0.80} = 430$ [Hz]

151

答 (1) l (2) $f_0 l$ (3) $\dfrac{3}{2}f_0$ (4) $\dfrac{2}{3f_0}$

検討 (1) 図2(a)では，AB間は節から節までの長さ2つ分が入っているので，波長をλとすれば，$l = 2 \times \dfrac{\lambda}{2} = \lambda$

(2) $v = f\lambda$より，音の伝わる速さvは
$v = f_0 l$

(3) 図2(b)のような3つの腹をもつ定常波が得られたのであるから，波長をλ'とすれば
$l = 3 \times \dfrac{\lambda'}{2}$　　$\lambda' = \dfrac{2}{3}l$

このときの振動数をf'とすれば，$v = f\lambda$より
$f' = \dfrac{f_0 l}{\dfrac{2}{3}l} = \dfrac{3}{2}f_0$

(4) 周期Tは，$T = \dfrac{1}{f'} = \dfrac{1}{\dfrac{3}{2}f_0} = \dfrac{2}{3f_0}$

152

答 (1) **0.75 m** (2) **2倍振動**

検討 管の長さをLとし，440 Hzのときにできる定常波がm倍振動であるとすれば，660 Hzのときには$m+1$倍振動ができる。
440 Hzのときの音波の波長は$\dfrac{2L}{m}$，660 Hzのときの波長は$\dfrac{2L}{m+1}$であるから，$v = f\lambda$より，
$330 = 440 \times \dfrac{2L}{m}$
$330 = 660 \times \dfrac{2L}{m+1}$
となるので，この2式より，
$L = 0.75$ m，$m = 2$

18 ドップラー効果

基本問題 ……………………………… 本冊 p.75

153

答 ① V ② u ③ f_0
④ $\dfrac{V-u}{f_0}$ ⑤ $\dfrac{V}{V-u}f_0$

154

答 ① $x_0 + V$ ② $x_0 - u$
③ $V + u$ ④ $\dfrac{V}{f}$ ⑤ $\dfrac{V+u}{V}f$

検討 ③ $(x_0 + V) - (x_0 - u) = V + u$
④ 音波の波長λは変化しないから$V = f\lambda$より，$\lambda = \dfrac{V}{f}$
⑤ ④より
$f_1 = \dfrac{V+u}{\lambda} = \dfrac{V+u}{\dfrac{V}{f}} = \dfrac{V+u}{V}f$

テスト対策
▶ドップラー効果の式の求め方
① 音源が観測者のところにつくる音波の波長を求める。
② 観測者が聞く音の振動数を求める。

155

答 **400 Hz**

検討 $f = \dfrac{V-v}{V-u}f_0$より，観測者が聞く音の振動数は，
$\dfrac{340 - 20}{340 + 20} \times 450 = 400$ 〔Hz〕

156

答 (1) **227 Hz** (2) **226 Hz**

検討 (1) $f = \dfrac{V}{V-u}f_0$より
$f = \dfrac{340}{340 - 40} \times 200 \fallingdotseq 227$ 〔Hz〕

(2) 音速が，$V' = 340 + 5 = 345$ 〔m/s〕になるから，$f = \dfrac{V'}{V'-u}f_0$より
$f = \dfrac{345}{345 - 40} \times 200 \fallingdotseq 226$ 〔Hz〕

応用問題 ……………………………… 本冊 p.77

157

答 (1) **4回**
(2) **AからBに向かって 2.0 m/s**

[検討] (1) 1秒間のうなりの回数を N とすると
$N = f_A - f_B$ より
$N = 342 - 338 = 4$ 〔回〕

(2) うなりが生じないのは，Aからの音とBからの音の振動数が等しいときだから，人はAからの音が低く聞こえ，Bからの音が高く聞こえるような向きに動いている。それはA→Bの向きである。人の動く速さを v〔m/s〕とすると

$$\frac{340-v}{340}f_A = \frac{340+v}{340}f_B$$

$f_A = 342$，$f_B = 338$ を代入して
$342(340-v) = 338(340+v)$

よって，$v = 2.0$ m/s

158

[答] (1) $\dfrac{V-v_O}{V-v_S}f$　(2) $\dfrac{V+v_O}{V-v_S}f$

(3) $\dfrac{V-v_S}{2v_O}f$

[検討] (1) 観測者が観測する，直接届く音の振動数 f_D は，**ドップラー効果の式** より

$$f_D = \frac{V-v_O}{V-v_S}f$$

(2) 反射板 R で観測する音の振動数 f_R' は

$$f_R' = \frac{V}{V-v_S}f$$

である。反射板を振動数 $\dfrac{V}{V-v_S}f$ の音源と考えて観測者の観測する振動数 f_R を求めると

$$f_R = \frac{V+v_O}{V}f_R'$$
$$= \frac{V+v_O}{V} \times \frac{V}{V-v_S}f = \frac{V+v_O}{V-v_S}f$$

(3) 観測者が観測する1秒間あたりのうなりの回数 N は

$$N = |f_D - f_R|$$
$$= \frac{V+v_O}{V-v_S}f - \frac{V-v_O}{V-v_S}f = \frac{2v_O}{V-v_S}f$$

である。よって，うなりの周期 T は

$$T = \frac{1}{N} = \frac{V-v_S}{2v_O f}$$

テスト対策

▶ドップラー効果の式
$$f = \frac{V-v}{V-u}f_0$$

の形でおぼえる。図にかいたときに，すべてのベクトルが同じ向きを向いているのが利点である。音の伝わる方向を正（＋）として，v と u の速度ベクトルに＋と－をつけて考える。

振動数 f_0　音速 V　振動数 f
音源 u　　　　　　観測者 v

159

[答] 速さ：**34 m/s**，振動数：**990 Hz**

[検討] 点Pで聞こえる最も低い音は点Bで発せられた音であるから

$$900 = \frac{340}{340+v}f_0$$

点Pで聞こえる最も高い音は点Fで発せられた音であるから

$$1100 = \frac{340}{340-v}f_0$$

この2式を連立して解いて
$v = 34$ m/s，$f_0 = 990$ Hz

19 静電気と電流

基本問題 ……………… 本冊 p.79

160

[答] (1) $+6.4 \times 10^{-11}$ C

(2) 毛皮からエボナイト棒に向かって -6.4×10^{-11} C の電気量に相当する電子が移動した。

(3) 4.0×10^8 個

[検討] (2) 静電気は2つの物体間で電子が移動することで生じる。**電子を得た側は負に，電子を失った側は正に帯電する。**

(3) $\left| \dfrac{-6.4 \times 10^{-11}}{1.6 \times 10^{-19}} \right| = 4.0 \times 10^8$

161

答 (1)

金属球

(2)

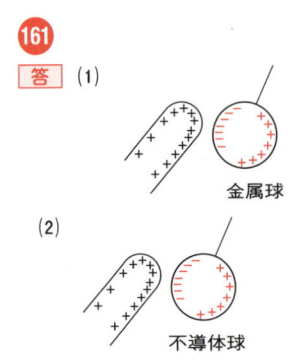

不導体球

検討 静電誘導（導体）でも誘電分極（不導体）でも，物体の表面に電荷が生じる。帯電体に近い側には異種の電荷が，遠い側には同種の電荷が生じる。

162

答 (1) (2) (3) (4)

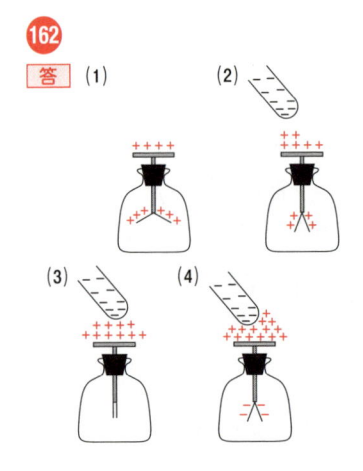

検討 (1) 帯電体を近づけたらはくが閉じることより，はく検電器には異種の電荷が帯電していることがわかる。

(2) 負の帯電体を近づけると，金属板からはくに負の電荷が移動する。はくの電荷が減少するので，はくどうしの反発力が小さくなり，はくの開きは小さくなる。

(3) さらに帯電体を近づけると，金属板は正に帯電し，はくには電荷がなくなる。

(4) さらに近づけると，静電誘導により正の電荷が金属板に，負の電荷がはくに生じる。負の電荷どうしが反発し，はくは開く。

163

答 (1) 静電気力（クーロン力）
(2) 接触前：引力，接触後：斥力
(3) 両方の金属球ともに $+1.0 \times 10^{-6}$ C

検討 (2)(3) 同種の電荷間にはたらく静電気力は斥力（反発力），異種の電荷間は引力である。2 つの金属球がもつ電荷の合計は，接触前後で等しい（**電荷保存の法則**）。また 2 つの金属球は同じ大きさなので，接触後の電気量は 2 つの金属球とも等しい。これを Q とすると
$$+6.0 \times 10^{-6} + (-4.0 \times 10^{-6}) = 2Q$$
より，$Q = +1.0 \times 10^{-6}$ C
金属球が接触後にもつ電荷の符号は同じだから，2 つの金属球の間には斥力がはたらく。

応用問題 ・・・・・・・・・・・・・・・・ 本冊 p.80

164

答 (1)

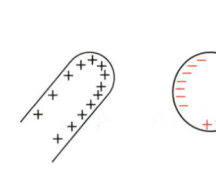

(2) 接触すると導体球に帯電体と同種の電荷が帯電するため反発し，はね返った。

検討 (1) 静電誘導（導体）で物体の表面に電荷が生じる。帯電体に近い側には異種の電荷が，遠い側には同種の電荷が生じる。

165

答 (1) (2)

(3)

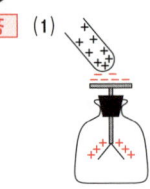

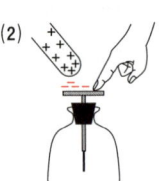

166〜171 の答え　41

[検討] (1) 静電誘導で，帯電体に近い金属板には異種(負)の電荷が，遠いはくには同種(正)の電荷が生じる。はくどうしは同種の電荷なので，反発力がはたらき，はくが開く。

(2) 手を触れると，はくの正の電荷が手を通って大地に流れる。しかし帯電体を近づけたままなので，帯電体から静電気力で引かれて，金属板に負の電荷が残る。はくには電荷がないので閉じている。そのあとで手を離しても，これらの状態は変わらない。

(3) 帯電体を遠ざけると，金属板に残っていた負の電荷がはく検電器全体に分布し，はくも負に帯電する。そのため，はくどうしが反発し，はくが開く。

166

[答]　引力

理由：AとBを近づけると引き合う力がはたらくことから，AとBは異符号の電荷である。AとCを近づけるとたがいに反発する力がはたらくことから，AとCは同符号の電荷である。よって，BとCは異符号の電荷であることがわかり，引力がはたらくことになる。

167

[答] (1) ストローは木材片に引き寄せられる。

理由：木材は誘電体なので，負に帯電したストローに近づけると，誘電分極によって木材片のストロー側に正，反対側に負の電荷が現れ，距離の近いほうが力が大きいので，ストロー側の正の電荷によってストローには引力がはたらき，引き寄せられる。

(2) アクリル棒は木材片に引き寄せられる。

理由：木材は誘電体なので，正に帯電したアクリル棒に近づけると，誘電分極によって木材片のアクリル棒側に負，反対側に正の電荷が現れ，距離の近いほうが力が大きいので，アクリル棒側の負の電荷によってアクリル棒には引力がはたらき，引き寄せられる。

20 電気抵抗とオームの法則

基本問題 ・・・・・・・・・・・・・・・・・・・ 本冊 p.83

168

[答] (1) 2.0×10^{19} 個　(2) $3.2\,\text{C}$
(3) $1.3 \times 10^{-4}\,\text{m/s}$
(4) $1.3\,\text{V}$

[検討] (1)(2) $I = \dfrac{Q}{t}$ で，$t = 1\,\text{s}$，$I = 3.2\,\text{A}$ より，1秒間に移動する電荷は $3.2\,\text{C}$ である。電子1個の電気量が $-1.6 \times 10^{-19}\,\text{C}$ なので電子の個数は，

$$\dfrac{3.2}{1.6 \times 10^{-19}} = 2.0 \times 10^{19}$$

(3) 電子の速さを v，電気量を e，断面積を S，$1\,\text{m}^3$ あたりの電子の個数を n，電流を I とすると，$I = enSv$ より

$$v = \dfrac{3.2}{1.6 \times 10^{-19} \times 4.0 \times 10^{28} \times 4.0 \times 10^{-6}}$$
$$= 1.25 \times 10^{-4}$$
$$\fallingdotseq 1.3 \times 10^{-4}\,[\text{m/s}]$$

(4) オームの法則より
$$V = RI = 0.40 \times 3.2 = 1.28 \fallingdotseq 1.3\,[\text{V}]$$

169

[答]　$1.2 \times 10^{-3}\,\Omega$

[検討] $R = \rho \dfrac{l}{S} = 1.6 \times 10^{-8} \times \dfrac{0.30}{4.0 \times 10^{-6}}$
$= 1.2 \times 10^{-3}\,[\Omega]$

170

[答]　$2.5 \times 10^{-7}\,\Omega\cdot\text{m}$

[検討] $R = \dfrac{V}{I} = \dfrac{1.5}{1.2} = 1.25\,[\Omega]$

$R = \rho \dfrac{l}{S}$ より

$\rho = \dfrac{RS}{l} = \dfrac{1.25 \times 4.0 \times 10^{-7}}{2.0}$
$= 2.5 \times 10^{-7}\,[\Omega\cdot\text{m}]$

171

[答]　$2.5\,\Omega$

検討 **オームの法則**より
$$R = \frac{V}{I} = \frac{5.0}{2.0} = 2.5 \,[\Omega]$$

172

答 (1) **3.23 Ω** (2) **3.20 Ω**

検討 (1) スイッチが開いているときは $R_1 + R_2$（合成抵抗値 6Ω）と $R_3 + R_4$（合成抵抗値 7Ω）の並列接続である。これらをそれぞれ R_{12}, R_{34} とすれば, 装置の合成抵抗値は
$$\frac{R_{12}R_{34}}{R_{12}+R_{34}} = \frac{6 \times 7}{6+7} \fallingdotseq 3.23\,[\Omega]$$
(2) スイッチを閉じた場合は, R_1 と R_3 の並列の合成抵抗値 $\frac{4 \times 4}{4+4} = 2\,[\Omega]$ と, R_2 と R_4 の並列の合成抵抗値 $\frac{2 \times 3}{2+3} = 1.2\,[\Omega]$ という 2 つの抵抗の直列接続なので, 回路全体の合成抵抗値は
$$2 + 1.2 = 3.2\,[\Omega]$$

173

答 (1) **10 Ω**
(2) 回路を流れる電流の大きさ：**1.2 A**
R_1 を流れる電流の大きさ：**1.2 A**
R_2 を流れる電流の大きさ：**1.2 A**
(3) R_1 にかかる電圧：**4.8 V**
R_2 にかかる電圧：**7.2 V**

検討 (1) 直列接続なので合成抵抗値は
$$R = R_1 + R_2 = 4.0 + 6.0 = 10\,[\Omega]$$
(2) 回路を流れる電流の大きさは
$$I = \frac{V}{R} = \frac{12}{10} = 1.2\,[\mathrm{A}]$$
直列の場合は回路を流れる電流の大きさはどこも等しく, 合成抵抗 R を流れる電流に等しいので, どちらも 1.2 A となる。
(3) 各抵抗にかかる電圧は**オームの法則**より
$$V_1 = R_1 I = 4.0 \times 1.2 = 4.8\,[\mathrm{V}]$$
$$V_2 = R_2 I = 6.0 \times 1.2 = 7.2\,[\mathrm{V}]$$

174

答 (1) **2.4 Ω**
(2) 電流の大きさ：**5.0 A**
R_1 を流れる電流の大きさ：**3.0 A**
R_2 を流れる電流の大きさ：**2.0 A**
(3) R_1 にかかる電圧：**12 V**
R_2 にかかる電圧：**12 V**

検討 (1) 並列なので合成抵抗値は
$$R = \frac{R_1 R_2}{R_1 + R_2} = \frac{4.0 \times 6.0}{4.0 + 6.0} = 2.4\,[\Omega]$$
(2) 回路を流れる電流の大きさは
$$I = \frac{V}{R} = \frac{12}{2.4} = 5.0\,[\mathrm{A}]$$
並列の場合は抵抗にかかる電圧はどちらも 12 V なので
$$I_1 = \frac{V}{R_1} = \frac{12}{4.0} = 3.0\,[\mathrm{A}]$$
$$I_2 = \frac{V}{R_2} = \frac{12}{6.0} = 2.0\,[\mathrm{A}]$$
(3) 並列なので各抵抗にかかる電圧は, ともに 12 V である。

175

答 (1) **6.0 Ω**
(2) 電流の大きさ：**2.0 A**, 電圧：**7.2 V**
(3) R_1 は, 電流の大きさ：**1.2 A**, 電圧：**4.8 V**
R_2 は, 電流の大きさ：**0.8 A**, 電圧：**4.8 V**

検討 (1) R_1 と R_2 の並列接続の合成抵抗値を求め, これと R_3 の抵抗の直列接続の合成抵抗値が全体の抵抗値となる。並列部分は
$$R = \frac{R_1 R_2}{R_1 + R_2} = \frac{4.0 \times 6.0}{4.0 + 6.0} = 2.4\,[\Omega]$$
全体の抵抗値は
$$2.4 + 3.6 = 6.0\,[\Omega]$$
(2) 回路を流れる電流の大きさは
$$I = \frac{V}{R} = \frac{12}{6.0} = 2.0\,[\mathrm{A}]$$
なので, 抵抗 R_3 を流れる電流の大きさも 2.0 A である。両端の電圧は
$$V_3 = R_3 I = 3.6 \times 2.0 = 7.2\,[\mathrm{V}]$$
(3) R_1 と R_2 にかかる電圧は並列なので等しく, $12 - 7.2 = 4.8\,[\mathrm{V}]$ である。R_1, R_2 に流れる電流の大きさをそれぞれ I_1, I_2 とすれば
$$I_1 = \frac{4.8}{4.0} = 1.2\,[\mathrm{A}]$$

$$I_2 = \frac{4.8}{6.0} = 0.8 \text{[A]}$$

176

答 50 W

検討 $P = \dfrac{V^2}{R}$ より，

$$\frac{100^2}{200} = 50 \text{[W]}$$

177

答 0.25 kWh

検討 500 W = 0.5 kW，30 分 = 0.5 時間
であるから，
0.5 kw × 0.5 h = 0.25 kWh

応用問題 ·················· 本冊 p.85

178

答 16 倍

検討 導線のもとの断面積を S，伸ばしたあとの断面積を S'，長さを L' とする。半径を半分にすると断面積は

$$S' = \pi \left(\frac{r}{2}\right)^2 = \frac{\pi r^2}{4} = \frac{S}{4}$$

伸ばした後も導線の体積は変わらないので

$$SL = S'L' = \frac{S}{4} \cdot L'$$

よって，$L' = 4L$
伸ばした後の抵抗は

$$\rho \cdot \frac{L'}{S'} = \rho \cdot \frac{4L}{\frac{S}{4}} = 16 \times \rho \cdot \frac{L}{S}$$

よって，もとの 16 倍

179

答 (1) $\dfrac{R_3}{R_2 + R_3}$ 倍 (2) イ

検討 (1) R_2 と R_3 の合成抵抗を R とすれば

$R = \dfrac{R_2 R_3}{R_2 + R_3}$ である。また，R を流れる電流の大きさは，R_1 を流れる電流 I と等しい。R_2 を流れる電流を I_2 とすれば，並列接続では各抵抗の電圧が等しいので，R および R_2 の両端にかかる電圧は等しい。

よって，$I \times \dfrac{R_2 R_3}{R_2 + R_3} = I_2 R_2$

これから，$\dfrac{I_2}{I} = \dfrac{R_3}{R_2 + R_3}$

(2) 電池の電圧を E とする。R_3 が 0 のときは R_2 に電流が流れず，回路の全抵抗は R_1 となる。このときの電流は，

$$I = \frac{E}{R_1}$$

次に，R_3 が無限に大きい場合は，回路の全抵抗は R_1 と R_2 の合成抵抗である $2R_1$ となる。
よって電流は，$I = \dfrac{E}{2R_1}$ となる。グラフで R_3 を 0 から増加させたとき，これに当てはまるのは**イ**である。

180

答 (1) 1.4 V (2) 0.50 Ω

検討 測定値の近くを通るように直線を引く。
この直線は抵抗にかかる電圧を V（= 電池の端子電圧），抵抗を流れる電流を I とすれば，

$$V = E - rI$$

で表される。よって，縦軸の切片が起電力 E，傾きの絶対値が内部抵抗 r を表す。

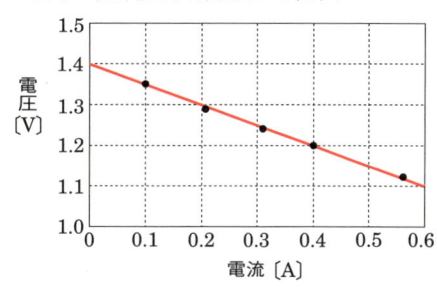

上図より，切片は 1.4 V，傾きの絶対値 r は，

$$r = \frac{1.4 - 1.1}{0.6} = 0.50 \text{[Ω]}$$

181

答 (1) $\dfrac{xR}{L}$ (2) E

検討 (1) 抵抗線の抵抗値は長さに比例するの

で，BC 間の抵抗値を R_{BC} とすれば，
$$R : L = R_{BC} : x$$
となる。よって，
$$R_{BC} = \frac{xR}{L}$$

(2) 検流計に電流が流れないとき，電池にも電流が流れないので，電池の内部抵抗 r による電圧降下も起きない。よって，BC 間の電圧は，電池の起電力 E に等しい。

182

答 450 mA

検討 1.5 V の電圧をかけると 50 mA = 0.05 A の電流が流れたのであるから，導線の抵抗値 R は，**オームの法則**より，1.5 = R × 0.05
よって，$R = \dfrac{1.5}{0.05} = 30 [\Omega]$

長さを 3 等分すると，1 本の抵抗値は，
$$\frac{30}{3} = 10 [\Omega]$$
となる。この 3 本を並列に接続したときの合成抵抗を R' とすれば，
$$\frac{1}{R'} = \frac{1}{10} + \frac{1}{10} + \frac{1}{10} = \frac{3}{10}$$
となるので，
$$R' = \frac{10}{3}$$
3 本を並列に接続した抵抗に 1.5 V の電圧をかけたとき，3 本の導線に流れる全電流を I とすれば，**オームの法則**より，
$$1.5 = \frac{10}{3} \times I$$
よって，$I = \dfrac{1.5}{\frac{10}{3}} = 0.45 [A]$

183

答 7.0 時間

検討 電流の定義 $I = \dfrac{\Delta Q}{\Delta t}$ より，$\Delta Q = I \Delta t$ となるので，携帯電話の電池に蓄えられていた電荷 Q は図の長方形の面積で与えられる。

$$Q = 35 \text{mA} \times 20 \text{時間}$$
100 mA での最大通話時間を t [時間]とすれば，$Q = 100 \text{mA} \times t$
となるので，
$$100 \text{mA} \times t = 35 \text{mA} \times 20 \text{時間}$$
$$t = \frac{35 \text{mA} \times 20 \text{時間}}{100 \text{mA}} = 7.0 \text{時間}$$

21 電流と磁場

基本問題　　　　　　　　　　　　　本冊 p.88

184

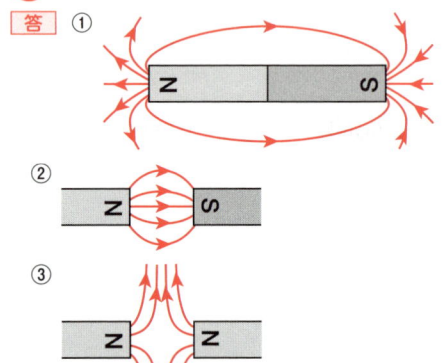

答 ①

②

③

検討 ① 磁力線は，N 極から出て S 極へ入る。
② 磁極付近では，磁力線が密集している。

185

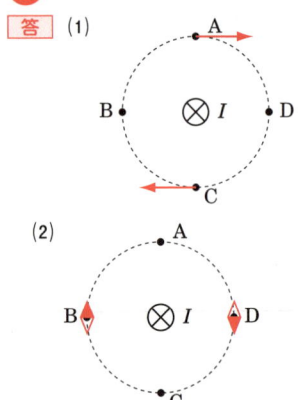

答 (1)

(2)

|検討| (1) **右ねじの法則**より磁場の向きは右回り。
(2) 磁針のN極の指す向きが磁場の向きである。

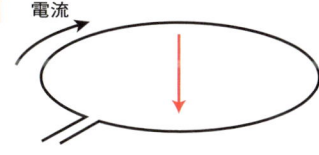

186
|答|

|検討| 右ねじの法則より，磁場の向きは下向きである。

187
|答| (1) **どちらも左向き** (2) **A**
|検討| (2) コイルから磁場が外側に出るように発生している場所がN極で，これはAである。

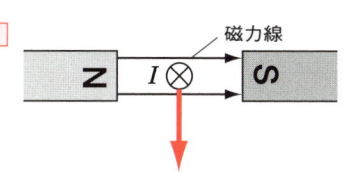

188
|答|

|検討| **フレミングの左手の法則**より下向きになる。N極からS極に向かう向きが磁場の向きである。

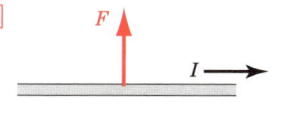

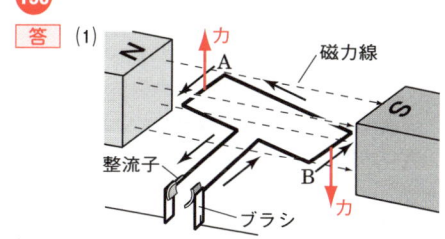

189
|答|

190
|答| (1)

(2) **常に左回りの力を発生するために，半回転ごとにコイルを流れる電流の向きを変えている。**

|検討| (1) **フレミングの左手の法則**を使う。N極からS極へ向かう向きが磁場の向きである。
(2) 整流子がないと半回転した状態で，逆向きの力がはたらく。

191
|答| (1) **a** (2) **b** (3) **b** (4) **a**
|検討| (1) 下向きの磁力線が増えるため，誘導電流の磁場は上向きの磁力線を増やすように，誘導電流が発生する。コイルの断面と発生する磁場に**右ねじの法則**を使って，aの向き。

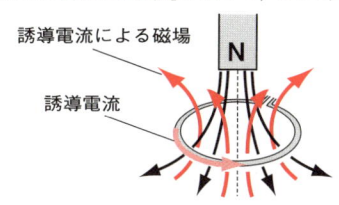

(2) 下向きの磁力線が減るので，誘導電流は下向きの磁力線を増やす向きに発生する。よって，bの向き。
(3) S極を近づけると上向きの磁力線が増えるので，誘導電流は下向きの磁力線を増やすよう発生する。よって，bの向き。
(4) コイルを近づけると下向きの磁力線が増えるので，(1)と同じことになる。

192
|答| (1) **a** (2) **a** (3) **A**
|検討| (1) 磁石を近づけるとコイルの左端には

右向きの磁力線が増える。誘導電流はこれを打ち消す左向きの磁場をつくるように発生する。したがって、電流の向きはaの向き。
(2) S極を遠ざけると左向きの磁場が減る。誘導電流は左向きの磁力線を増やすよう発生する。結果として(1)と同じになる。

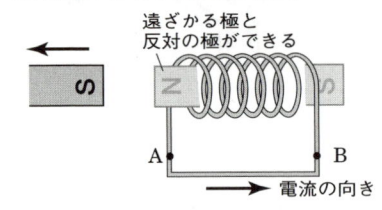

（図：遠ざかる極と反対の極ができる，S，N，S，A，B，電流の向き）

(3) コイルを電池と考えれば，A側から電流が出て，B側に入るので，Aが正極になる。

応用問題 ●●●●●●●●●●●●●●● 本冊 p.90

193
[答] a
[検討] 金属棒が右へ進むと，回路を貫く下向きの磁力線が増える。このとき，誘導電流は上向きの磁力線を増やす向きに発生する。

194
[答] 1円玉には磁石に引き寄せられるような力がはたらく。
[検討] 1円玉には，磁石による磁力線が貫いている。磁石を動かすと，1円玉を貫く磁力線が変化するので，その変化を妨げるように1円玉には誘導電流が流れる。磁石を1円玉から遠ざけると，1円玉を貫く上向きの磁力線が減るので，上向きの磁力線ができるように1円玉には誘導電流が流れ，1円玉の上側は誘導電流によって電磁石のN極になり，磁石のS極とで引力がはたらく。

195
[答] コイルの巻き数が大きいほうが振り子の振幅が減衰する速さが速い。
理由：コイルの巻き数が大きいほうがコイルに発生する誘導起電力が大きく，ニクロム線に流れる電流が大きくなる。そのため，ニクロム線で発生するジュール熱も大きくなり，エネルギーを多く消費するので，振り子の振動のエネルギーが速く減少する。

22 電磁誘導と電磁波

基本問題 ●●●●●●●●●●●●●●● 本冊 p.91

196
[答] 周期：**0.020 s**，電圧の最大値：**141 V**
[検討] 周期 $T = \dfrac{1}{f} = \dfrac{1}{50} = 0.020$ [s]
電圧の最大値は，電圧の実効値の $\sqrt{2}$ 倍だから
$100\sqrt{2} \fallingdotseq 141$ [V]

197
[答] (1) 電圧の最大値：**200 V**
電圧の実効値：**141 V**
(2) **25 Hz**
[検討] (1) 電圧の最大値は電圧の実効値の $\sqrt{2}$ 倍だから，実効電圧は
$\dfrac{200}{\sqrt{2}} = 100\sqrt{2} \fallingdotseq 141$ [V]
(2) グラフより，周期 $T = 0.04$ s である。
$f = \dfrac{1}{T} = \dfrac{1}{0.04} = 25$ [Hz]

198
[答] (1) **283 V**
(2) 電流の実効値：**5.0 A**，電流の最大値：**7.1 A**
[検討] (1) 電圧の最大値は
$200\sqrt{2} \fallingdotseq 283$ [V]
(2) 電流の実効値は
$\dfrac{V}{R} = \dfrac{200}{40} = 5.0$ [A]
電流の最大値は
$5.0\sqrt{2} = 7.07 \fallingdotseq 7.1$ [A]

199
[答] (1) **2.0 A，40 V** (2) **2.0 A，60 V**

200 ～ 204 の答え　47

(3) **57 V**　(4) **80 W**　(5) **2.0×10^2 W**

|検討| (1)(2) 合成抵抗は，$20 + 30 = 50〔Ω〕$ なので，回路を流れる電流は

$$I = \frac{V}{R} = \frac{100}{50} = 2.0〔A〕$$

直列接続なので R_1, R_2 とも 2.0 A の電流が流れるから

$$V_1 = R_1 I = 20 \times 2.0 = 40〔V〕$$
$$V_2 = R_2 I = 30 \times 2.0 = 60〔V〕$$

(3) 最大電圧は電圧の実効値の $\sqrt{2}$ 倍なので
$40\sqrt{2} ≒ 57〔V〕$

(4) $P = VI = 40 \times 2.0 = 80〔W〕$

(5) $P = VI = 100 \times 2.0 = 2.0 \times 10^2〔W〕$

200

|答|　**60：1**

|検討| $N_1 : N_2 = 6000 : 100 = 60 : 1$

201

|答|　**X 線，紫外線，可視光線，赤外線，UHF，VHF，中波**

202

|答|　(1) 波長：**3.8 m**，周期：**1.3×10^{-8} s**
　　(2) **90°**

|検討| (1) 光速度を c，波長を $λ$，振動数を f とすれば $c = fλ$ である。よって

$$λ = \frac{c}{f} = \frac{3.0 \times 10^8}{80 \times 10^6} = 3.75 ≒ 3.8〔m〕$$

$$T = \frac{1}{f} = \frac{1}{80 \times 10^6}$$
$$= 1.25 \times 10^{-8} ≒ 1.3 \times 10^{-8}〔s〕$$

(2) 電磁波で，電場と磁場のなす角度は 90° である。

応用問題　………………　本冊 p.93

203

|答|　(1) **400 V**　(2) **8.0 A**
(3) **3.2×10^3 W**　(4) **3.2×10^3 W**
(5) **32 A**

|検討| (1) $N_1 : N_2 = V_1 : V_2$ である。
$200 : 800 = 100 : V_2$ より $V_2 = 400〔V〕$

(2) $I_2 = \dfrac{V_2}{R} = \dfrac{400}{50} = 8.0〔A〕$

(3) $V_2 I_2 = 400 \times 8.0 = 3.2 \times 10^3〔W〕$

(4) 1 次側と 2 次側の消費電力は等しい。
$V_1 I_1 = 3.2 \times 10^3 W$

(5) $V_1 I_1 = V_2 I_2$ より
$$I_1 = \frac{V_2 I_2}{V_1} = \frac{400 \times 8.0}{100} = 32〔A〕$$

204

|答|　(1) $V_1 I_1$ は **1 次側での電力**，$V_2 I_2$ は **2 次側での電力**を表している。$V_1 I_1 = V_2 I_2$ は変圧器において，エネルギーが保存されていることを意味している。

(2) $\dfrac{N_1}{N_2} = \dfrac{1}{33}$　(3) **1100 倍**

|検討| (2) $\dfrac{N_1}{N_2} = \dfrac{V_1}{V_2}$ より，
$$\frac{N_1}{N_2} = \frac{10}{330} = \frac{1}{33}$$

(3) 10 kV のまま送電するときに，送電線に流れる電流を I_{10} とすれば，$P = 10 \times I_{10}$ となり，

$$I_{10} = \frac{P}{10}$$

となる。送電線で発生するジュール熱 Q_{10} は，

$$Q_{10} = R I_{10}^2 = R \left(\frac{P}{10}\right)^2$$

330 kV に上げて送電するときに，送電線に流れる電流を I_{330} とすれば，

$$P = 330 \times I_{330}$$

となり，

$$I_{330} = \frac{P}{330}$$

となる。送電線で発生するジュール熱 Q_{330} は，

$$Q_{330} = R I_{330}^2 = R \left(\frac{P}{330}\right)^2$$

である。よって，

$$\frac{Q_{10}}{Q_{330}} = \frac{R\left(\dfrac{P}{10}\right)^2}{R\left(\dfrac{P}{330}\right)^2} = \left(\frac{330}{10}\right)^2$$

$$= 1089 ≒ 1100$$

23 原子力エネルギー

基本問題 ……………………… 本冊 p.94

205

[答] ① 陽子　② 中性子　③ 質量数
　　④ α　⑤ β　⑥ γ　⑦ 2　⑧ 4　⑨ 1

[検討] ⑦⑧ α崩壊ではヘリウム原子核 ^4_2He が原子核から放出されるので，原子番号は 2 減少し，質量数は 4 減少する。
⑨ β崩壊では，原子核内の中性子から電子が放出され，中性子が陽子に変わる。陽子が 1 個増えるので，原子番号は 1 増加する。陽子と中性子との数の和は変わらないので，質量数は変化しない。
【補足】 γ崩壊では原子核の種類が変わらないので，最近では γ 崩壊という言葉を使わないことが多くなっている。

206

[答] 原子番号：**86**，質量数：**222**

[検討] 核反応式を書くと，
$$^{226}_{88}\text{Ra} \longrightarrow \text{Rn} + ^4_2\text{He}$$
となる。Rn の原子番号を Z，質量数を A とすると，核反応の前後で，原子番号と質量数が保存することから，
$$88 = Z + 2$$
$$226 = A + 4$$
よって，$Z = 86$, $A = 222$ と求められる。

207

[答] (1) 陽子：**6**，中性子：**8**
　　(2) 陽子：**8**，中性子：**8**
　　(3) 陽子：**84**，中性子：**104**
　　(4) 陽子：**1**，中性子：**2**

[検討] 原子番号は陽子の数を，質量数は陽子と中性子との数の和を表しているので，質量数から原子番号を引くと中性子の数が求められる。

応用問題 ……………………… 本冊 p.95

208

[答] (1) ア：**9**，イ：**4**
　　(2) ア：**56**，イ：**3**

[検討] (1) 質量数保存の式は，
　　　ア + 4 = 12 + 1
であるから，ア = 9
原子番号保存の式は，
　　　イ + 2 = 6 + 0
であるから，イ = 4
(2) 原子番号保存の式は，
　　　92 + 0 = ア + 36 + イ × 0
であるから，ア = 56
質量数保存の式は，
　　　235 + 1 = 141 + 92 + イ × 1
であるから，イ = 3

209

[答] (1) α崩壊：**8**，β崩壊：**6**
　　(2) α崩壊：**6**，β崩壊：**4**
　　(3) α崩壊：**7**，β崩壊：**4**
　　(4) α崩壊：**7**，β崩壊：**4**

[検討] 質量数が変わるのは α 崩壊のときのみであるから，質量数の変化から α 崩壊の回数を求める。β 崩壊では中性子が陽子に変わるため，原子番号は 1 増加する。α 崩壊では原子番号が 2 減少するので，α 崩壊での原子番号の減少数と放射性崩壊の前後での原子番号の減少数との差が β 崩壊の回数になる。

(1) $\dfrac{238 - 206}{4} = 8$
　　$8 \times 2 - (92 - 82) = 6$

(2) $\dfrac{232 - 208}{4} = 6$
　　$6 \times 2 - (90 - 82) = 4$

(3) $\dfrac{235 - 207}{4} = 7$
　　$7 \times 2 - (92 - 82) = 4$

(4) $\dfrac{237 - 209}{4} = 7$
　　$7 \times 2 - (93 - 83) = 4$